动物和动物产品进口风险分析手册

第二卷

定量风险评估

世界动物卫生组织（OIE）　编
中国动物卫生与流行病学中心　组译
宋建德　主译

中国农业出版社
北　京

图书在版编目（CIP）数据

动物和动物产品进口风险分析手册. 第二卷，定量风险评估 / 世界动物卫生组织（OIE）编；中国动物卫生与流行病学中心组译；宋建德主译. —北京：中国农业出版社，2022.6

书名原文：Handbook on import risk analysis for animals and animal products volume2

ISBN 978-7-109-30306-5

Ⅰ.①动… Ⅱ.①世… ②中… ③宋… Ⅲ.①畜禽卫生－风险分析－手册 ②动物产品－动物检疫－风险分析－手册 Ⅳ.①S851-62

中国版本图书馆 CIP 数据核字（2022）第 242152 号

合同登记号：图字 01 - 2022 - 3345 号

动物和动物产品进口风险分析手册
DONGWU HE DONGWU CHANPIN JINKOU FENGXIAN FENXI SHOUCE

中国农业出版社出版
地址：北京市朝阳区麦子店街 18 号楼
邮编：100125
责任编辑：张艳晶
版式设计：杨　婧　责任校对：吴丽婷
印刷：中农印务有限公司
版次：2022 年 6 月第 1 版
印次：2022 年 6 月北京第 1 次印刷
发行：新华书店北京发行所
开本：787mm×1092mm　1/16
印张：10
字数：205 千字
定价：120.00 元

© 版权所有：OIE（世界动物卫生组织）

第一卷：第 1 版（2004），ISBN：92 - 9044 - 629 - 3
　　　　第 2 版（2010），ISBN：978 - 92 - 9044 - 807 - 5
　　　　再次印刷（2012）
第二卷：第 1 版（2004），ISBN：92 - 9044 - 626 - 9（2004）
　　　　再次印刷（2010 & 2012），ISBN：978 - 92 - 9044 - 626 - 2
封面来源：© P. Blandin（OIE）

译审人员

主　译：宋建德

参　译：王　栋　史喜菊　武彩红　袁丽萍
　　　　高向向　王梦瑶　孙映雪　郝玉欣
　　　　孙学强　孙荣钊

主　审：李　昂

原书作者

主　编：Noel Murray　　　　　　新西兰农林部

参　编：Stuart C. MacDiarmid　　新西兰农林部

　　　　Marion Wooldridge　　　英国兽医实验署（韦布里奇）

　　　　Bruce Gummow　　　　　南非比勒陀利亚大学兽医学院

　　　　Randall S. Morley　　　　加拿大食品检疫署

　　　　Stephen E. Weber　　　　美国流行病学和动物卫生中心
　　　　　　　　　　　　　　　　（柯林斯堡）

　　　　Armando Giovannini　　　意大利动物疫病防控研究院，
　　　　　　　　　　　　　　　　阿布鲁佐和莫利塞

　　　　David Wilson　　　　　　OIE 国际贸易部主任，法国

致 谢

OIE《动物和动物产品进口风险分析手册》第二卷主要引用了 David Vose 主编的《定量风险分析指南》（John Wiley & Sons, Chichester，2000）。Vose 主编的《定量风险分析指南》是动物卫生风险分析的学生和从业人员必不可少的参考书。该手册还借鉴了 Noel Murray 所著·新西兰农林部生物安全局出版的《动物和动物产品进口风险分析》（2002）一书。

许多人对本手册全部或部分内容的修改提出了建议。作者和编辑在此特别感谢：

David Vose
David Vose 咨询公司
www. risk-modelling. com
Michael Roberts
Neil Cox
农业研究有限公司，新西兰
Lisa Gallagher
Tracey England
Louise Kelly
Rowena Jones
英国兽医实验署（韦布里奇）
Sanping Chen
卡尔顿定量研究，加拿大渥太华
Anna Maria Conte
动物疫病防控研究院，意大利阿布鲁佐和莫利塞
Ziad A. Malaeb
流行病学和动物卫生中心，美国柯林斯堡

感谢 OIE 发展中国家流行病学和兽医服务组织协作中心（动物疫病防控研究院，意大利阿布鲁佐和莫利塞）主任 Vincenzo Caporale 教授在本手册起草期间主办会议并提供秘书服务。

目 录

1 定量风险分析简介[1]

1.1 引言

如本手册第一卷所述，事实证明没有一种单一的进口风险评估方法适用于所有情况，不同的方法可能适用于不同的情况[2]。定性风险评估中，危害释放和暴露的可能性，以及导致后果的严重程度用高、中、低或可忽略等非数字术语描述。迄今为止，定性方法已被证明适用于大多数进口风险评估。但是，在某些情况下，可能需要进行定量分析，如要进一步了解某一特定问题、确定关键步骤或比较卫生措施。

术语"参数""变量""输入"在定量风险评估中经常互换使用。本手册中，这些术语定义如下：

—参数

在实验统计学中，参数是描述总体特征的数字度量，如总体均值（μ）、总体标准差（σ）和二项比例（p）。在电子数据表计算机软件中，参数常用来表示数学、统计学或概率分布函数的自变量，比如确定 Beta 分布形状或者正态分布的平均值和标准差所需的值。

—变量

变量是针对不同主体或客体具有不同值的属性。在随机过程中可以取不同值的变量，则称为随机变量。随机变量既可以是离散的，只能取有限数量的值，又可以是连续的，可以在给定的范围内取任何值。离散型变量的例子包括感染动物的数量、检测呈阳性的动物数量或者一窝仔猪的数量等，而连续型变量的例子包括体重或血铜水平等。

—输入

输入是指输入模型的任何信息。可以将参数、变量、数据和分布都看作输入，因为它们提供了定量风险评估模型中所用的信息。

---

[1] 本章参考 Vose D. 主编的《定量风险分析指南》，John Wiley & Sons，Chichester，2000。

[2] 《陆生动物卫生法典》，1.3.1.1 节。

　　一模型

　　模型是现实世界的简化表示。因为符号能够代表系统的属性，所以大多数模型都是用符号表示的。本手册中，"模型"就是以图形或数学形式表示的进口情景，其中公式用于模拟所研究的生物过程和风险管理备选方案的影响。

　　一定量风险评估

　　定量风险评估就是用数字表示输入和输出的数学模型，其最简单的形式通常为确定性分析或点估计分析，这两种分析的输入和输出都可以表示为单一的数值或点值。这些单一的数值或点值用来表示"最佳猜测""平均值""期望情况"或者可能"最坏情况"。如果要确定一个或多个输入值对输出值的影响，只要将新数值代入模型中就可以了。这是一种有效的假设分析或情景分析。对于输入很少的简单模型，使用一台计算器就能轻而易举地进行此类分析。

　　对于复杂模型，或有更多的数据需要处理的情况，概率风险评估是更可取的。在这些模型中，输入可以描述为概率分布，计算机对于构建风险评估模型至关重要。

1.2　确定性（点估计）风险评估

　　风险的量化始于考虑一项仅有两种可能结果的试验：成功或失败。这种试验可能需要重复多次。例如，试验可以是从感染动物到易感受体的单胚胎移植。这种情况下，被传染就是"成功"；反之，就是"失败"。如果我们在 10 次胚胎移植（试验）后都没有观察到"成功"，那么我们可能就开始怀疑通过胚胎移植传染的概率低；未传染的胚胎移植试验越多，我们就越相信通过胚胎移植是不可能传染的。上述试验的结果见表 1，其中置信区间[①]是通过查阅附录 1 中的统计表确定的。

表 1　病毒携带者供体胚胎移植后的传染概率

移植数量 （n）	感染受体数量 （r）	传染概率 $p_t = \left(\dfrac{r}{N} \times 100 \right)$	95％置信下限	95％置信上限
10	0	0.00	0.00	30.85
20	0	0.00	0.00	16.84
30	0	0.00	0.00	11.57

---

　　①　置信区间是指具有一定置信水平的未知量的可能取值范围。例如，如果我们对 10 只绵羊称重，我们就能够计算出它们的平均体重和相关置信区间；如果平均体重是 50kg，95％的置信区间是 ±2.5kg，则表示我们可以有 95％的信心确定，羊群中所有绵羊的平均体重在 47.5～52.5kg 的区间内。

（续）

移植数量 （n）	感染受体数量 （r）	传染概率 $p_t = \left(\dfrac{r}{N} \times 100\right)$	95%置信下限	95%置信上限
40	0	0.00	0.00	8.81
100	0	0.00	0.00	3.62
1 000	0	0.00	0.00	0.37

如果进行了 100 次试验性移植没有发生传染，我们就可以使用 95% 的置信上限合理地得出结论：每个感染供体每次胚胎移植，传染的概率"最高"为 3.62%。

如果计划实施胚胎移植项目，我们可能需要估计至少 1 个受体被感染的概率，或者我们期望的感染受体平均数。

计算至少 1 个受体感染的概率，步骤如下：

—传染（成功）的概率是 p_t，没有传染（失败）的概率是 $1-p_t$；

—没有受体被感染的概率是 $(1-p_t)^e$，其中 e 指受体（试验）数量；

—因此，至少 1 个受体被感染的概率是 $1-(1-p_t)^e$；

—概率用数学符号表示为 $P(x \geqslant 1)$，其中 P 为概率，x 指结果，即感染的受体数量；

—那么，最终公式可写为：

$$P(x \geqslant 1) = 1-(1-p_t)^e \qquad \text{（公式 1）}$$

用传染的概率 p_t 乘以受体数量 e，可以计算感染受体的期望数量：

$$\text{感染受体的期望数量} = p_t \times e \qquad \text{（公式 2）}$$

如果我们假定传染概率等于 3.62%（$n=100$），移植的胚胎数量为 30 个，那么就能够确定至少 1 个受体被感染的概率（表 2）。为了简便起见，我们假定每个受体仅植入 1 个胚胎，每个供体都会提供 1 个可移植的胚胎。结果，受体数量等于 30。

$$P(x \geqslant 1) = 1-(1-0.036\,2)^{30} = 0.669\,2 = 66.92\%$$

感染受体的期望数量 $= 0.036\,2 \times 30 = 1.086$

由于我们假定所有供体都被感染，所以这种情景从本质上来说是"最坏情况"。如果我们有关于供体的疫病流行率的信息，就可以将其整合入模型中。假设最近在某个供体绵羊群中进行了调查，经检测，100 只绵羊中有 5 只被感染。通过查阅附录 1 中的统计表，我们可以估计出在 95% 的置信水平上、期望值为 5% 时，真实的疫病流行率可能在 1.64%（95% 置信下限）和 11.28%（95% 置信上限）之间。可以使用下面的公式将这些疫病流行率的估计值代入模型，以确定三种可能的结果（表 2）：

$$P(x \geqslant 1) = 1 - (1 - p \times p_t)^e \qquad \text{(公式 3)}$$
$$\text{感染受体的期望数量} = p \times p_t \times e \qquad \text{(公式 4)}$$

其中：p 为流行率；

　　　　p_t 为传染概率；

　　　　e 为受体数量。

表 2　移植 30 个胚胎至少有 1 个受体感染的概率及感染受体的期望数量

情景	p=供体群中的 流行率 （%）	p_t=通过胚胎 移植传染的概率 （%）	至少 1 个受体 感染的概率 （%）（公式 3）	感染受体的 期望数量 （公式 4）
最小值	1.64 （95%CL* 下限）		1.77	0.017 （每 1 000 个中有 17 个）
最可能值	5 （期望值）	3.62 （95% CL 上限）	5.28	0.054 （每 1 000 个中有 54 个）
最坏情况	11.28 （95%CL 上限）		11.55	0.122 （每 1 000 个中有 122 个）

注：* CL 为置信限。

　　考虑了一个或多个受体感染的概率后，我们可能会认为感染的可能性太高，需要采取一些风险管理措施。因此，我们可能会决定检测供体，并拒绝阳性者。如果我们随机选择某个潜在供体进行检测，假定受测者是阴性的概率为 T^-，我们就能够计算出其被感染的概率 D^+。这是一个条件概率，表示为 $P(D^+|T^-)$。对于完美的试验，该概率为 0。然而，由于所有的试验都是不完美的（敏感性[①]小于 1），因此我们预测该试验将不能检测出一些感染动物。此外，由于特异性[②]也小于 1，因此一些未感染的动物会被错误地检测为阳性。在这种情况下，计算 $P(D^+|T^-)$ 首先按第 4 章所述的方法确定阴性预测值 NPV，然后计算其互补概率（$1-NPV$）。这代表了我们接受的供体动物群中的感染流行率，也就是拒绝检测结果为阳性的动物后，检测结果为阴性动物中的感染流行率。根据第 4 章中的公式 40，NPV 计算如下：

$$NPV = P(D^-|T^-) = \frac{Sp(1-p)}{p(1-Se) + (1-p)Sp} \qquad \text{(公式 5)}$$

　　其中：p 为绵羊群中的流行率；

————————

　　① 试验敏感性是把感染动物正确地检测为阳性的能力。它的计算方法是感染动物检测为阳性的比例 $P(T^+|D^+)$。

　　② 试验特异性是把未感染动物正确检测为阴性的能力。它的计算方法是未感染动物检测为阴性的比例 $P(T^-|D^-)$。

Se 为试验敏感性；

Sp 为试验特异性。

因此，检测结果为阴性动物中的感染流行率计算如下：

$$P(D^+|T^-) = 1 - NPV \qquad （公式 6）$$

如果我们使用敏感性为 90％、特异性为 99％ 的试验，拒绝所有检测结果为阳性的动物后，可以通过将这些数值代入公式 6 来计算检测结果为阴性动物群中的感染流行率（表 3）：

表 3　检测阴性供体中的感染流行率

情景	$p=$供体群中的流行率（％）	$Se=$试验敏感性（％）	$Sp=$试验特异性（％）	检测阴性供体中的感染流行率（％）（公式 6）
最小值	1.64 （95％CL* 下限）			0.17
最可能值	5 （期望值）	90	99	0.53
最坏情况	11.28 （95％CL 上限）			1.27

注：* CL 为置信限。

由于 $1-NPV$ 是检测阴性供体中的感染流行率，因此可以用"$1-NPV$"替代公式 3 中的"p"来确定至少 1 个受体被传染的概率：

$$P(R^+ \geqslant 1) = 1 - (1 - (1 - NPV) \times p_t)^e \qquad （公式 7）$$

其中：R^+ 为感染的受体。

$$感染受体的期望数量 = (1 - NPV) \times p_t \times e \qquad （公式 8）$$

计算结果见表 4。

表 4　进行 30 次胚胎移植至少 1 个受体感染的概率及感染受体数量的期望值

情景	$(1-NPV)=$检测阴性供体中的感染流行率（％）（来自表 3）	$p_t=$经胚胎移植传播感染的概率（％）	至少 1 个受体被感染的概率（％）（公式 7）	感染受体的期望数量（公式 8）
最小值	0.17		0.18	0.002 （每 1 000 个中有 2 个）
最可能值	0.53	3.62 （95％CL* 上限）	0.57	0.006 （每 1 000 个中有 6 个）
最坏情况	1.27		1.37	0.014 （每 1 000 个中有 14 个）

注：* CL 为置信限。

因此，使用统计表和计算器，就能够进行简单的确定性分析或点估计分析，使我们对面临的风险有个清楚的认识。我们可以继续完善该模型，例如包括随机选择的畜群实际感染的概率估计，以及检疫和检测受体以筛选出阳性动物的效果估计等。

1.3　概率风险评估（蒙特卡罗模拟）

上面讨论的胚胎移植模型可以进一步优化，就像已经估计了通过胚胎移植传播感染的概率和原畜群中感染的流行率一样，我们也可以估计敏感性、特异性及最初畜群感染概率的置信区间。

然而，随着此类变量①数目增加，情景中可能组合或假设情景的数量会快速增加。例如，如果有 4 个变量，每个变量都有平均数、95% 置信上限和置信下限，那么可能有 $3^4=81$ 种可能的情景。这种方法存在重大缺陷。当变量很多时，利用这种方法去分析结果会变得很难操作。此外，所选择的每个值也没有权重。例如，我们的"最佳猜测"可能比"最坏情况"更有可能发生。

如果获得了有关取值范围和每个值可能性的信息，那么就可以分配概率给每个变量。我们现在可以描述为随机变量，因为它们可以因随机过程的结果不同而取不同的值。在胚胎移植例子中，可以使用 Beta 分布（详见第 4 章）来定义每个输入变量的概率分布（图 1）。这种模型称为随机模型，我们可以计算每个模型输入分布中变异的综合影响，从而确定可能模型结果的概率分布。确定上述概率分布的最简单方法就是进行模拟。模拟包括从每个分布中随机抽样，并根据模型的数学逻辑对生成的值进行组合，从而生成特定情景的结果。多次重复该过程，并将每种情景（就是所谓的迭代、试验或实现）所产生的结果进行综合，来生成可能模型结果的概率分布。

在本文中，概率分布将根据风险评估计算机软件@RISK②和电子表格软件微软 Excel③中使用的函数来进行描述。例如，Binomial( ) 是@RISK 函数，BINOMDIST( ) 是微软 Excel 函数，用大写字母进行区分。

上升累积频率图（图 2a）常用来显示模拟结果。这种图可显示等于或小于某个确定值的概率。例如，我们可以通过读取第 95 累积百分位数的值来报告结果，如下所示：

在 95% 的迭代中，如果没有拒绝检测结果为阳性的供体，那么至少 1 个受

---

① 变量是针对不同主体或客体具有不同值的属性。
② 纽约，纽菲尔德，Palisade 公司。
③ 华盛顿，雷德蒙，微软公司。

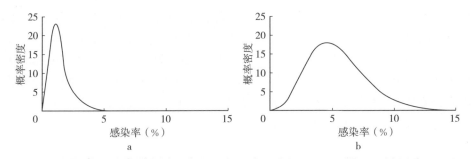

图 1　胚胎移植定量风险评估实例中输入变量的两个概率分布例子

a. 如果从感染供体向易感受体进行了 100 次胚胎移植而没有传染，那么通过胚胎移植传染概率的 Beta 分布：$Beta(0+1, 100-0+1)$；b. 如果在 100 个样本中检测到 5 例感染动物，那么感染率的 Beta 分布为：$Beta(5+1, 100-5+1)$

体传染的概率等于或小于 5.4%；如果拒绝检测结果为阳性的供体，那么至少 1 个受体感染的概率小于 0.61%。

或者，我们可以选择报告中位数结果（第 50 百分位数）和相关的 95% 置信区间。在进行检测并拒绝检测结果为阳性供体情况下，中位数为 0.12%，其 95% 置信下限和上限分别为 0.004% 和 0.8%。需要指出的是第 95 百分位数并不代表 95% 的置信上限。第 50 百分位数的 95% 置信上限和下限分别由第 97.5 百分位数和第 2.5 百分位数表示（图 2b）。这些百分位数包围的曲线下的面积等于总面积的 95%，这是 95% 置信区间的相关面积。

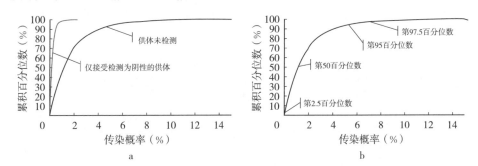

图 2　移植 30 个胚胎至少有 1 个受体传染概率的向上累积频率图

a. 检测和不检测供体；b. 不检测时的概率百分位数

1.4　概率分布的抽样值

蒙特卡罗抽样和拉丁超立方体抽样是概率分布抽样的最常用方式。蒙特卡罗抽样基于整个分布的简单随机抽样，该分布代表了每次迭代的抽样框。由于同一数值可能被多次抽样，因此蒙特卡罗抽样是一种重复抽样。而拉丁超立方体抽样属于不重复分层抽样。分布范围被分割成数量等于迭代次数的很多区间，然后在每个区间中简单随机抽取样本。在一次模拟过程中，每个区间只被抽样一次。因此，拉丁超立方体抽样确保从整个分布范围抽取的数值与分布概率密度成比例。拉丁超立方体抽样通常需要更少的样本就可得出概率分布，因此在抽样次数相同时它比蒙特卡罗抽样更有效。由于在特定的精度水平下它需要较少的迭代，因此拉丁超立方体抽样通常是数字模拟的首选方法。

1.5　区别变异性和不确定性

　　风险分析人员描述变异性和不确定性的方式导致了一定程度的混淆。为了理解这些术语的含义，重要的是要认识到风险评估本质上是一种工具，旨在预测一个或多个事件发生的概率。例如，我们可能想要预测随机选择的人的身高。从我们自己的观察可知，总体中个体之间存在很大的自然变异。虽然我们可以对它的范围和平均值有很好的"感觉"，但只有通过测量后，我们才能开始对总体中人们的身高做出一些准确的预测。收集的测量值越多，获得的了解就越多，我们就可以开始越来越确定地描述人们身高的变异，使我们对自己的预测也越来越有信心。如果测量了总体中的每个人，我们就会有一个完美的理解并能够准确描述总体参数，如平均身高和标准差（衡量存在的变异程度）。显然，这是不切实际的，我们需要在获得完整信息和基于合理置信水平的预测而在合理估计之间取得平衡。

表5　随机抽取 10 个成年人的身高和相关统计量的假设示例

身高 x_i（cm）									
152.3	118.4	158.5	168.8	163.4	162.9	180.7	99.5	188.9	198.5

样本平均数：$\bar{x} = \dfrac{\sum\limits_{i=1}^{n} x_i}{n} = 159.2$

样本标准差：$s = \sqrt{\dfrac{\sum\limits_{i=1}^{n}(x_i - \bar{x})^2}{n-1}} = 30.3$

均数标准误：$s_{\bar{x}} = \dfrac{s}{\sqrt{n}} = 9.6$

自由度为 $(n-1)$ 的 t 值 $= 2.262$（来自学生的 t 分布）

置信区间：$\pm t \times s_{\bar{x}} = \pm 2.262 \times 9.6 = \pm 21.7$

95% 置信上限：$\bar{x} + t \times s_{\bar{x}} = 159.2 + 2.262 \times 9.6 = 180.9$

95% 置信下限：$\bar{x} - t \times s_{\bar{x}} = 159.2 - 2.262 \times 9.6 = 137.5$

注：样本统计量用 $\bar{x}$（平均数）和 s（标准差）表示，而相应的总体参数用 μ 和 σ 表示。

如果我们随机选择 10 个成年人进行测量，就可以计算出他们的平均身高和标准差。这些实际上是样本统计量，而不是总体参数，因为我们仅仅从总体的子集中收集了数据（表 5）。如果根据以前的观察，我们推断身高是一个正态分布变量，那么就可以在正态分布函数中（见第 3 章）使用这些样本统计量来描述总体身高的分布，并做一些预测。然而，由于样本量较小，我们可能会担心这些样本统计量不能充分反映总体参数。也就是说，总体参数是不确定的。如图 3 所示，我们可以构建均值和标准差的抽样分布（见第 6 章）。

抽样分布能够使我们获取与基于收集数据的总体参数估计相关的不确定性。例如，我们可以计算置信区间，这使我们能够确定可以在多大程度上确信真实的总体参数位于相应样本统计量两侧的相应区间内。置信区间就是围绕分布平均值曲线下的区域。例如，95% 的置信区间对应曲线下平均值左右各 47.5% 的区域。在上面的例子中，95% 的置信区间就是样本均值（159.2±21.7）cm（表 5）。这表明我们有 95% 的把握确信真实的总体均值位于 137.5cm 和 180.9cm 之间。

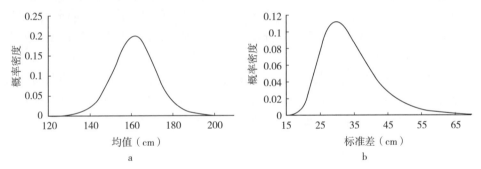

图 3 依据表 5 中的数据得出的均数和标准差的抽样分布
a. 假定的均数抽样分布；b. 标准差

如果从图 3 中的均值和标准差的每个样本分布中随机选择一个值，代入正态分布函数，绘制其图形并多次重复此过程，我们就可以建立一个可能的身高分布图（图 4a）。这些分布分别代表一阶分布，它们一起形成了二阶分布。这些分布使变异性和不确定性可以分别建模，这将在第 7 章进行更详细的探讨。图 4a 中的粗黑线表示我们拥有完整知识的假设情况。可以看出，由于存在许多不同的可能分布，因此小样本量存在一定程度的不确定性。

如果将样本量增加到 100 名成年人会出现什么情况呢？重复刚才所述过程，我们从图 4b 中可以看出，通过收集一些额外的信息，大大减少了不确定性，因为可能分布的范围非常接近具有完整信息时描述的分布。我们似乎在获取完整信息和获得合理估计之间取得了很好的平衡。

黑粗线代表完整信息，而成年人平均身高为 170cm，标准差为 30cm；每根细线表示一种可能的身高分布。

因此，不确定性可以被认为是对未知量的知识或信息不完整性的一种度量方

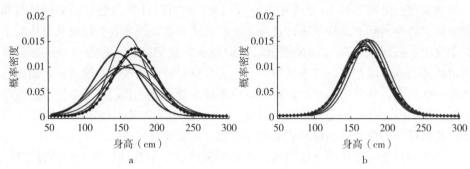

图 4 英国成年人身高的假设正态分布

a. 样本量＝10；b. 样本量＝100

法。另外，重要的是要记住，即便掌握了所有知识，变异性依然存在。

正如我们在第一卷中所见，即使定量风险评估涉及数字，也不见得更客观，其结果也不一定比定性评估更"精确"。选择合适的模型结构，模型中包括或排除哪些路径、聚集或分解的水平，用于每个输入变量的真实值及其应用的分布类型，都涉及一定程度的主观性。另外，由于通常缺乏数据，模型可能需要纳入专家意见，这本质上就是主观的。

在好的风险评估中，消除这种固有主观性的方法就是确保评估是透明的。所有的信息、数据、假设、不确定性、方法和结果都必须全面记录，并且讨论和结论必须经过合理的符合逻辑的论述来支持。这种评估应充分参考资料，并进行同行评审。

2 概率及概率分布

2.1 概率定义

概率描述某事件发生的可能性，可以用低、中和高等词表示，也可以用 $0 \sim 1$ 之间的数字或 $0 \sim 100\%$ 的百分数表示。从数字上讲，有几种定义概率的方法，包括：

2.1.1 古典概率

特定事件的概率是事件可能发生方式的数量除以可能结果的总数。例如，事件 A 的概率记作 $P(A)$：

$$P(A) = \frac{\text{事件 } A \text{ 可能发生的方式数量}}{\text{可能结果的总数}}$$

如果我们有一个由 65 只母羔羊和 35 只公羔羊组成的 100 只羔羊的羊群，我们能够确定随机选择 1 只羔羊是公羔羊的概率如下：

——相关事件（A）是公羔羊；

——一共有 35 只公羔羊，那么事件 A 可能发生的方式数量是 35；

——因为羊群中一共有 100 只羔羊，所以可能结果的总数是 100。

$$P(A) = \frac{35}{100} = 0.35$$

2.1.2 经验概率（相对频率）

在均一的、可重复的 n 次试验中，某一事件发生的次数 x，可以表示为事件发生总次数的比率（分数或比例）。根据这种定义，概率是物理世界的一种可测量属性，但永远不会实际观察到。这种定义方法可以表示为比率的极限：

$$\frac{\text{事件发生次数}}{\text{试验总次数}} = \frac{x}{n}$$

当 n 趋于无穷大时，这个比率趋向于：

$$p = \lim_{n \to \infty} \frac{x}{n}$$

2.1.3　主观概率

根据主观概率或贝叶斯概率的定义，可以获取个人对某个事件发生的认知状态和信任程度。例如，农场主可能会估计特定母牛今晚有60%的机会产犊。结果，概率就是估计者对于事件本身认知的函数。此外，随着新信息的获得，这个概率会随着时间而变化。

2.2　概率法则

2.2.1　独立性

事件 A 发生的概率可以记为 $P(A)$。如果两个事件 A 和 B 是独立的，那么事件 A 的发生对事件 B 的发生没有影响，反之亦然。在这些情况下，事件 A 与事件 B 同时发生，或事件 A 发生后事件 B 立即发生的概率是这两个概率的乘积，记为 $P(A \cap B)$：

$$P(A \cap B) = P(A) \times P(B)$$

这个概念可以扩展到几个事件，例如，在抛硬币试验中，"正面（H）-反面（T）-正面（H）"发生的概率为：

$$P(H \cap T \cap H) = P(H) \times P(T) \times P(H)$$

假如我们有一个非常大的奶牛群，群中某种疫病的流行率为30%。随机选择的一头奶牛被感染的概率表示为 $P(D^+) = 0.3$。如果从该牛群中随机购买4头奶牛，我们想要确定这4头奶牛全部被感染的概率，可以假设这个牛群中疫病流行率是不变的，即没有疫病扩散。由于每头奶牛的感染状况相互独立，所以4头奶牛全部被感染的概率为：

$$P(D^+ \cap D^+ \cap D^+ \cap D^+) = P(D^+) \times P(D^+) \times P(D^+) \times P(D^+)$$
$$= 0.3 \times 0.3 \times 0.3 \times 0.3 = 0.008\ 1$$

这种计算方法可以根据需要进行调整，比如随机选择10头奶牛。然而，如果我们按照上述计算方法表示，那么计算就会变得相当单调乏味。计算所有10头奶牛都被感染的概率的一种更简单方法为 $(P(D^+))^{10}$，推广到 n 头奶牛全部被感染则为 $(P(D^+))^n$，只要 n 远小于群大小。

如果想要计算从牛群中随机选择 n 头奶牛，至少有一头被感染的概率，计算过程如下：

—n 头奶牛全部被感染的概率为 $(P(D^+))^n$；

—n 头奶牛全部没有被感染的概率为 $(1-P(D^+))^n$；

—n 头奶牛中至少有一头被感染的概率为 $1-(1-P(D^+))^n$。

2.2.2 条件概率

事件 A 已经发生的情况下，事件 B 发生的概率称作条件概率，记为：$P(B|A)$。如果事件 A 和 B 是相互独立的，那么事件 B 的发生不受事件 A 发生的影响。于是，$P(B|A)=P(B)$，同样 $P(A|B)=P(A)$；事件 A 在事件 B 之后发生的概率简单等于两个事件都发生的概率 $P(A\cap B)=P(A)\times P(B)$。如果事件 B 的发生与已经发生的事件 A 不是相互独立的，那么在事件 A 发生之后事件 B 发生的概率为：

$$P(A\cap B) = P(A) \times P(B|A)$$

继续上一部分中的牛群例子，假设我们检测了一头奶牛，想了解在假设感染（D^+）的情况下奶牛被检测为阳性（T^+）的概率。这就是假设已经感染的情况下，奶牛检测呈阳性的条件概率，记为 $P(T^+|D^+)$。值得注意的是，这种概率通常被称为试验敏感性。为了确定奶牛既被感染又检测呈阳性的概率，我们需要将这两个概率相乘。假设一头奶牛被感染的概率为 0.3，试验敏感性为 0.9，那么：

$$P(D^+\cap T^+) = P(D^+) \times P(T^+|D^+) = 0.3 \times 0.9 = 0.27$$

计算随机选择的 n 头奶牛中至少有一头感染且检测呈阳性的概率的方法为：

$$P((D^+\cap T^+) \geqslant 1) = 1 - (1 - P(D^+) \times P(T^+|D^+))^n$$

2.2.3 互斥事件

如果两个或多个独立事件不能同时发生，则称这些事件是互斥事件。例如，如果一个羊群中包含美利奴细毛羊（M）、萨福克羊（S）和罗姆尼羊（R），那么我们可以用维恩图（图5）来表示它们各自出现的概率。选择美利奴细毛羊或萨福克羊的概率为 $P(M\cup S)$：

$$P(M\cup S) = P(M) + P(S) = 0.5 + 0.15 = 0.65$$

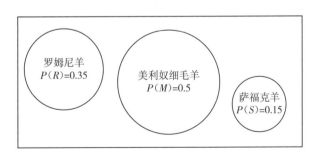

图 5　包含 3 个品系羊群的维恩图，每个品系代表 1 个互斥事件

对立事件是互斥事件的子集，构成对立事件的各个子事件是互补的，即各个子事件中有且只有 1 个子事件发生。在这种情况下，$P(A\cup B)=P(A)+P(B)=1$，因此 $P(A)=1-P(B)$。互补事件的 1 个例子是怀孕，1 只动物要么怀孕，要么没有怀孕。

2.2.4　可以同时发生的独立事件

　　假设羊群中同时暴发了腐蹄病和羊虱病，每种病都可以独立影响羊群中的 3 个品系中的任一个（图 6）。这次，我们想要确定随机选择的 1 只羊患腐蹄病或羊虱病的概率。由于有些羊可能同时患有两种疾病，所以我们需要通过减去有些羊同时患有腐蹄病和羊虱病的概率来调整估计值：

$$P(L\bigcup F) = P(L) + P(F) - P(L\bigcap F) = 0.25 + 0.6 - 0.15 = 0.7$$

其中：$P(L\bigcap F) = P(L)\times P(F)$，因为 L 和 F 是相互独立的。

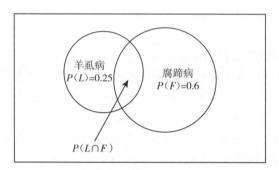

图 6　羊群中的羊患有腐蹄病和/或羊虱病概率的维恩图
（假设腐蹄病的发生不影响羊虱病的发生，反之亦然，也就是事件是独立的）

2.3　概率分布

2.3.1　随机变量

　　变量是针对不同主体或客体具有不同值的属性。在随机过程中可以取不同值的变量则称为随机变量。随机变量既可以是离散的，只能取有限数量的值，又可以是连续的，可以在给定的范围内取任何值。离散型变量的例子包括感染动物的数量、检测呈阳性的动物数量或者一窝仔猪的数量等，而连续型变量的例子包括体重或血铜水平等。

2.3.2　离散分布

　　如果某个随机变量只能取有限数量的值，该变量就属于离散型变量，所对应的分布也就是离散分布。假设我们收集一年中某猪群内母猪产仔数的一些数据，可以参照表 6 对数据进行总结。在这个假设的例子中，有 500 个观察值，从中可以确定不同产仔数量的相对频率，结果可以绘制成柱状图（图 7）。因为产仔数是离散型变量，所以得到的分布是离散分布，相对频率是实际发生的概率。这个概率称为概率质量，且所有单个概率加起来必须等于 1。

如果我们对确定母猪窝产仔数小于或等于某一特定值的概率感兴趣，则需要计算累积概率（表 6）。例如，确定窝产仔数小于或等于 3 只的概率，可以将窝产仔数 3（包括 3）以内的每个值所对应的概率相加，即为 $0.02+0.08+0.15=0.25$。

通过将窝产仔数与各自概率相乘并且求和，可以计算分布的均值或期望值。这本质上是个加权平均数。

$$均值（期望值）= \sum_{i=1}^{n} x_i \times p(x_i) = 4.23$$

表 6   母猪产仔数的一些假设观察值

窝产仔数 x_i	产仔数量 l_i	概率 $p(x_i)=\dfrac{l_i}{n}$	累积概率 $P(X \leqslant x_i)=\sum_{i=1}^{n} p(x_i)$
1	10	0.02	0.02
2	40	0.08	0.10
3	75	0.15	0.25
4	175	0.35	0.60
5	125	0.25	0.85
6	50	0.10	0.95
7	25	0.05	1
合计	$n=500$	1.00	—

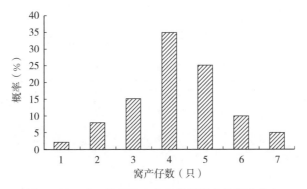

图 7   基于表 6 数据的窝产仔数假设离散概率分布

2.3.3　连续分布

如果随机变量可以取给定范围内的任何值，该变量就是连续型变量，其对应的分布就是连续分布。例如，牛的体重是一个连续型变量，因为牛的体重可以测量到最接近的千克、克、毫克等。通过分割成越来越小的度量单位可以继续这个过程。事实上，它是无限可分割的。

假设我们称重 100 头牛，以千克为单位记录各头牛的体重（表 7）。由于体重是连续量，故不能将数据分割为离散值来建立分布。相反，我们需要将体重划分为便利的、不重叠的组，每组间没有间隔（表 8）。生成的图形是一种特殊的条形图，称为直方图（图 8）。这个例子中，相对频率是牛的体重落在特定组距内的概率。例如，根据表 8，牛体重在 460～480kg 的概率为 0.19，或者，我们可能想知道牛体重小于或等于某个区间的概率，这种情况下我们需要计算累积概率。例如，计算牛体重小于或等于 460～480kg 的概率，可以通过把表 8 中小于等于 460～480kg 的每组相应概率求和，即 0.01＋0.06＋0.09＋0.19，得到累积概率为 0.35。

表 7　100 头牛的体重（kg）（假设例子）

411	423	425	428	433	435	437	444	444	445
452	456	456	456	457	459	460	462	463	463
464	464	464	468	470	470	470	472	472	475
478	478	479	479	479	482	484	485	487	487
488	488	489	489	491	491	493	495	495	496
496	497	500	500	500	501	502	503	503	505
505	508	509	509	510	511	511	512	512	514
514	515	515	515	517	519	519	520	523	525
525	527	528	530	530	531	533	537	537	538
538	538	540	553	559	562	568	569	581	587

表 8　表 7 中 100 头牛的体重分布

体重组别 x_i（kg）	每组牛头数 c_i	每组的相对频率 $p(x_i) = \dfrac{c_i}{n}$	累积概率 $P(X \leqslant x_i) = \displaystyle\sum_{i=1}^{n} p(x_i)$
≥400，<420	1	0.01	0.01
≥420，<440	6	0.06	0.07
≥440，<460	9	0.09	0.16

（续）

体重组别 x_i（kg）	每组牛头数 c_i	每组的相对频率 $p(x_i)=\dfrac{c_i}{n}$	累积概率 $P(X\leqslant x_i)=\displaystyle\sum_{i=1}^{n}p(x_i)$
$\geqslant$460，$<$480	19	0.19	0.35
$\geqslant$480，$<$500	17	0.17	0.52
$\geqslant$500，$<$520	25	0.25	0.77
$\geqslant$520，$<$540	15	0.15	0.92
$\geqslant$540，$<$560	3	0.03	0.95
$\geqslant$560，$<$580	3	0.03	0.98
$\geqslant$580，$<$600	2	0.02	1.00
总计	$n=100$	**1.00**	—

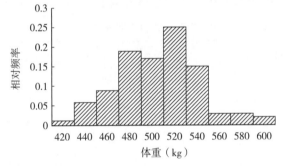

图 8　依据表 8 建立的牛体重连续分布（直方图），组距为 20kg

　　除了如上所述直接根据数据确定连续分布外，我们还可以使用数学函数，如正态分布函数。正如在第 3 章中讨论的，正态分布函数由两个参数确定，均值（μ）和标准差（σ），这两个参数可以通过数据集估计。虽然正态分布函数可以对很多生物观察结果进行非常接近的模拟（如体重），但实际上它更适用于数据的分布。例如，正态分布是单峰的、均值对称（均值、中位数和众数均相等）分布，且 95％ 的分布位于均值±1.96 倍标准差之内。

　　图 9a 显示了根据表 7 的数据绘制的正态分布。离散分布的相对频率是离散变量的实际出现频率，与离散分布相反，连续变量的相对频率代表的是区间而不是确切的值。因为连续度量单位是无限可分的，所以选择的任何值仅代表 1 个区间。例如，Excel 中的 NORMDIST 函数计算 1 头体重为 500kg 的奶牛的概率为 0.011。该概率的正确解释是体重为 500kg 左右的概率为 0.011。对于连续变量，概率被正确地称为概率密度，曲线下面积相加必须等于 1。重要的是要注意，垂直量（y 轴）根据 x 轴使用的单位而变化。如图 9 所示，其中体重分布用千克（kg）

和吨（t）来表示。

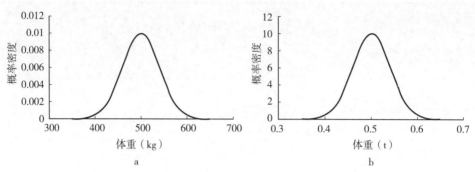

图 9　根据表 7 中数据绘制的牛体重正态分布
a. 以 kg 为单位的牛体重：*Normal*(496，35)；b. 以 t 为单位的牛体重：*Normal*(0.496，0.035)

　　一些离散变量（如细菌细胞计数或粪便卵计数）可以方便地视为连续变量来处理，其中允许值之间的差距与值的大小相比并不重要。

　　表 9 列举了一些离散分布和连续分布的例子。这些分布将在第 4 章中讨论。

表 9　离散分布和连续分布的例子

离散分布	连续分布
二项分布	Beta 分布
离散均匀分布	累积分布
超几何分布	指数分布
负二项分布	伽玛分布
泊松分布	一般分布
	直方图分布
	对数正态分布
	正态分布
	PERT 分布
	三角形分布
	均匀分布

3 概率风险评估基础定理

有三个重要定理是概率风险评估的基础：二项式定理、中心极限定理和贝叶斯定理。

3.1 二项式定理

二项式定理提供了一个公式，使我们能够容易地计算出在 n 次试验中有 x 次成功的概率，其中每次试验的成功概率（p）相同，这种思想在该卷第 1 章中介绍过。

为了理解二项式定理，我们将从伯努利试验开始，这是在概率中最简单但最重要的随机过程之一。伯努利试验的经典例子是抛硬币。当抛一枚硬币时，只有正面和反面这两种结果。如果硬币是均匀的，每次得到正面或反面的概率将为 0.5 或 50%。如果我们再抛一次，获得正面和反面的概率也不会改变，也就是说两次试验的结果是独立的。那么正如在第 2 章中讨论的那样，获得"正面-反面-正面"的概率等于各自概率相乘：

$$P(H \cap T \cap H) = P(H) \times P(T) \times P(H) = 0.5 \times 0.5 \times 0.5 = 0.125$$

二项过程是满足下面三个假设的伯努利试验的集合：

——每次试验有两种可能的结果，成功或失败；

——试验是独立的，即一次试验的结果对另一次试验的结果没有影响；

——每次试验具有相等的成功概率 p，失败的概率为 $1-p$。

二项过程可以很容易地应用于从感染畜群中选择动物的情况。在这种情况下，两种可能的结果是选择的动物被感染或者没有感染。如果畜群足够大，我们可以合理地假设每只动物被感染的概率保持不变。这就意味着随机选择的单个动物的疫病状况与先前选择的其他所有动物的疫病状况无关。另外还要假设在抽样过程中不发生感染的传播。

假设我们想要确定从疫病流行率为 p 的牛群中抽取 n 个样本，获得 x 只感染动物的概率。如果我们选择了 3 只动物（$n=3$），从图 10 中可以得出：

——有一种途径可以得到 3 只感染动物，概率为：$p \times p \times p$；

——有三种途径可以得到 2 只感染动物，概率为：$p \times p \times (1-p)$，$p \times (1-p) \times p$ 和 $(1-p) \times p \times p$；

　　—有三种途径可以得到 1 只感染动物，概率为：$p \times (1-p) \times (1-p)$，$(1-p) \times p \times (1-p)$ 和 $(1-p) \times (1-p) \times p$；

　　—有一种途径可以得到 0 只感染动物，概率为：$(1-p) \times (1-p) \times (1-p)$。

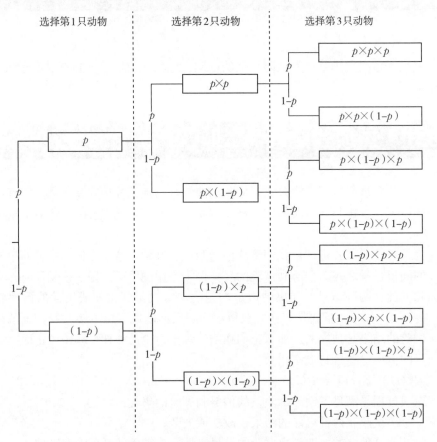

图 10　如果选择 3 只动物，获得 x 只感染动物途径的概率树

其中，p 为动物感染的概率，$(1-p)$ 为动物没有感染的概率

　　上述的所有概率都可以简化表示为 $p^x \times (1-p)^{n-x}$。把 x 和 n 的适当值代入此公式中，我们就能计算特定结果的概率。例如，3 只动物都被感染的概率为 $p^3 \times (1-p)^0 = p^3$，而获得 2 只感染动物的概率为 $p^2 \times (1-p)^1$。由于我们只关心获得 x 只感染动物的概率，不关心选择动物的顺序，因此只需要把这些结果乘以获得 x 只感染动物的途径数量，如 $3 \times p^2 \times (1-p)^1$。随着抽样动物数量的增加，依靠绘制概率树并确定导致特定结果的途径数量来计算获得 x 只感染动物的途径很快变得不切实际。幸运的是，有一种简单的方法可以解决这个问题。在 n 次试验中成功 x 次的组合数可以由 $\dfrac{n!}{x!\,(n-x)!}$ 计算。它称作二项式系数，

在数学标记法中记为 $\binom{n}{x}$ 或 C_n^x，读作 "从 n 个元素中取 x 个的组合数"。前面的
例子中相应的二项式系数为：

$$\binom{3}{3} = C_3^3 = \frac{3!}{3!(3-3)!} = 1;$$

$$\binom{3}{2} = C_3^2 = \frac{3!}{2!(3-2)!} = 3;$$

$$\binom{3}{1} = C_3^1 = \frac{3!}{1!(3-1)!} = 3;$$

$$\binom{3}{0} = C_3^0 = \frac{3!}{0!(3-0)!} = 1。$$

注意：数的阶乘 $n! = 1 \times 2 \times 3 \times \cdots \times n$，且 $0! = 1$。

可以看出，计算在 n 次试验中恰好有 x 次成功的概率的通用公式为：

$$P(X = x) = \binom{n}{x} p^x (1-p)^{n-x} \qquad \text{（公式 9）}$$

如果把所有可能取值相加，即 x 的取值从 0 到 n，就可以得到二项分布：

$$\sum_{x=0}^{n} \binom{n}{x} p^x (1-p)^{n-x} = 1 \qquad \text{（公式 10）}$$

继续前面的例子，如果刚好选择 3 只动物，相应的二项分布为：

$$\sum_{x=0}^{3} \binom{3}{x} p^x (1-p)^{3-x} = p^3 + 3p^2(1-p) + 3p(1-p)^2 + (1-p)^3 = 1$$

$$\text{（公式 11）}$$

不必费力地计算出二项分布的各项值，可以使用类似 Excel 这样的电子数据
表工具包，该工具包提供了二项分布函数，通过输入适当的 x、n 和 p 值，就可
以计算单个二项式项：

$$P(X = x) = BINOMDIST(x, n, p, 0) = \binom{n}{x} p^x (1-p)^{n-x}[1]$$

$$\text{（公式 12）}$$

将二项式提高到整数幂，如 $(a+b)^n$ 的一般方法如下：

$$(a+b)^n = \sum_{x=0}^{n} \binom{n}{x} a^x b^{n-x} \qquad \text{（公式 13）}$$

其中，n 为正整数。

根据公式 13 操作可以得到某个特定结果。例如，最常见的情况可能是我们

---

[1] BINOMDIST 中的最后一个参数 0 是使函数返回二项式概率质量（开关为 0）或者累积二项式概率
（开关为 1）的开关。

想要确定从感染畜群中抽取的样本中至少含有 1 只感染动物的概率。在这种情况下，我们从 $x=1$ 到 $x=n$ 的分布求和，或者我们可以用 $(a+b)^n$ 减去 $(b)^n$ 得到相同的结果：

$$P(x \geqslant 1) = (a+b)^n - (b)^n \qquad \text{（公式 14）}$$

用 p 和 $(1-p)$ 取代 a 和 b 可以得到：

$$P(x \geqslant 1) = (p+(1-p))^n - (1-p)^n = 1 - (1-p)^n \qquad \text{（公式 15）}$$

我们也可以确定样本中至少含有 1 只感染动物条件下所有动物检测结果为阴性的概率。这种情况下，1 只感染动物检测为阴性的概率为 $p \times (1-Se)$，用它取代 a；1 只未感染动物检测为阴性的概率为 $(1-p) \times Sp$，用它取代 b：

$$P(T^- = 0 \geqslant 1\ D^+) = (p \times (1-Se) + (1-p) \times Sp)^n - ((1-p) \times Sp)^n$$
$$\text{（公式 16）}$$

其中：T^- 为检测阴性；

D^+ 为感染；

p 为流行率；

Se 为试验敏感性；

Sp 为试验特异性。

用公式 13 进行的另一种推导是，假设从流行率为 p 的群体中随机选择 n 个动物，用敏感性为 Se、特异性为 Sp 的试验方法对所有动物进行检测。样本中含有 x 个感染动物的概率为：

$$P(X = x) = \binom{n}{x} p^x (1-p)^{n-x} \qquad \text{（公式 17）}$$

所有动物检测为阴性的概率为 $(1-Se)^x Sp^{n-x}$。所有样本检测为阴性的概率是两个概率相乘，并把所有 x 的结果相加：

$$P(all\ T^-) = \sum_{x=0}^{n} \binom{n}{x} p^x (1-Se)^x (1-p)^{n-x} Sp^{n-x} \qquad \text{（公式 18）}$$

比较公式 18 和公式 13，我们设 $a = p(1-Se)$，$b = (1-p)Sp$，那么公式 18 可简化为：

$$P(all\ T^-) = (p(1-Se) + (1-p)Sp)^n \qquad \text{（公式 19）}$$

3.2 中心极限定理

3.2.1 正态分布

正态分布（图 11）由均值 μ 和标准差 σ 这两个参数来描述其特征。

均值或均数等于所有值相加的总和除以它们的个数：

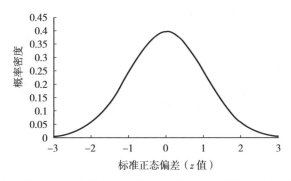

图 11　标准正态概率分布，均值（μ）等于 0、标准差（σ）等于 1

$$\mu = \frac{\sum\limits_{i=1}^{n} x_i}{n} \qquad （公式 20）$$

标准差是衡量均值变异程度的量。它的计算方法是将总体中每个值与均值的差的平方求和后除以值的个数，最后求出该结果的算术平方根：

$$\sigma = \sqrt{\frac{\sum\limits_{i=1}^{n} (x_i - \mu)^2}{n}} \qquad （公式 21）$$

标准差的平方为方差（σ^2）。

正态分布是从负无穷大到正无穷大的无界连续分布，其分布曲线呈钟形。因为它是关于均值对称的，所以均值左右两侧曲线下的面积各占 50%。99% 的值位于均值 ±2.58 倍标准差之间。均值确定正态分布曲线在 x 轴上的位置（图 12a），标准差确定其形状（图 12b）。随着标准差的增大，分布曲线的高度降低且宽度增加。

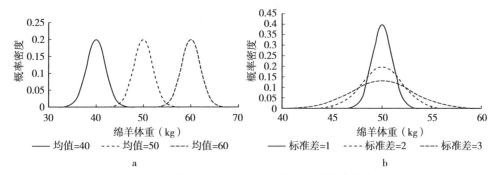

图 12　均值 μ 和标准差 σ 的变化对正态分布影响
a. 均值或位置参数变化；b. 标准差或尺度参数变化

标准正态分布的均值为 0，标准差为 1。这样可以使所有的正态分布使用同样的概率表。正态随机变量 x 可以通过把标准差 σ 向左面或右面移动均值 μ 个单位进行标准化，其结果为标准正态偏差或 z 值。

$$z = \frac{x - \mu}{\sigma} \qquad\qquad (公式\ 22)$$

标准正态分布曲线下位于两个 z 值间区域的百分比表示概率 $P(z_1 \leqslant z_i \leqslant z_2)$。例如，如果称量了羊群中所有绵羊的体重并计算得出了平均体重 ($\mu = 50\mathrm{kg}$) 和标准差 ($\sigma = 4\mathrm{kg}$) 后，通过查阅图 13 就可以确定随机选择 1 只体重在 40~45kg 绵羊的概率：

—确定 40kg 和 45kg 的 z 值：$z_1 = \dfrac{40-50}{4} = -2.5$ $z_2 = \dfrac{45-50}{4} = -1.25$

—从正态分布概率表中查找均值和各个 z 值之间在曲线下面积的百分比：对于 z_1 来说，49.4% 的面积介于均值和 -2.5 之间，而 z_2 则占了总面积的 39.4%。

—从 z_1 中减去 z_2 包含的面积：49.4%－39.4%＝10.0%

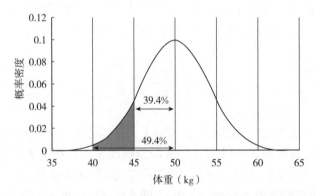

图 13 平均体重为 50kg、标准差为 4kg 的绵羊体重正态概率分布

这个例子的答案也可以直接从累积概率分布中获得：只要从 45kg 的累积概率中减去 40kg 的累积概率（图 14）即可。

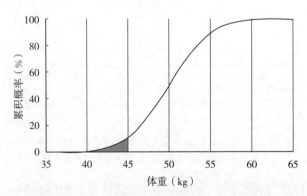

图 14 均值为 50kg、标准差为 4kg 的绵羊体重累积正态概率分布

与均值相关的曲线下的特定区域对应的特定 z 值常用于描述统计量和统计推断。例如，曲线下 90％的总面积位于 $z＝\pm1.64$ 之间、95％位于 $z＝\pm1.96$ 之间、99％位于 $z＝\pm2.58$ 之间。重要的是要记住，z 值与距均值的距离有关。$+1.96$ 的 z 值代表的是曲线下均值右边 47.5％的区域，-1.96 代表的是均值左边 47.5％的区域。因此，在前面的例子中，如果我们想描述 95％的绵羊体重所在的范围，那么计算方法为：$\mu\pm1.96\times\sigma＝50\pm7.8$，也就是在 $42.2\sim57.8kg$ 的范围。

因此，不必称量所有绵羊的体重，只需要称量其中一部分绵羊的体重就可以推断出羊群中所有绵羊的平均体重。因为处理的是总体中的样本，所以表示平均值和标准差的符号也应该随之改变。样本均值表示为 $\overline{x}$，样本标准差表示为 s。在这种情况下，由于总体参数（μ 和 σ）是未知的，我们就需要计算样本均值的标准差。这个值通常被称为样本均值的标准误，记为 $s_{\overline{x}}$，计算公式为：

$$s_{\overline{x}} = \frac{s}{\sqrt{n}} \qquad\qquad (公式23)$$

如果称量了 30 只绵羊的体重，计算平均体重为 48.5kg，标准差为 3.5kg，根据公式 23 计算样本均值的标准误为 $\frac{3.5}{\sqrt{30}}＝0.64$。我们现在可以计算样本均值 95％的置信区间，公式为 $\overline{x}\pm1.96\times\frac{s}{\sqrt{n}}＝48.5\pm1.96\times0.64＝48.5\pm1.25$，得出的结论为，在 95％的置信水平上，羊群中所有绵羊的平均体重很可能在 $47.25\sim49.75kg$。

3.2.2　中心极限定理的定义

中心极限定理定义了均值的抽样分布与总体分布间的关系。均值的抽样分布通过重复 n 次抽样获得，计算出 n 个样本中每个的均值后确定每个样本均值的频率，并将结果绘在同一张图上。例如，我们可以称量来自随机选择的 5 个胴体中每个胴体获得的去骨牛肉，计算该批次的平均重量。重复上面操作 100 次后我们将逐渐建立平均重量的分布（图 15）。我们也可以将样本量增加到 10 个、25 个或100 个胴体。随着样本量的增加，均值抽样分布看起来越来越接近正态分布（图 16）。实际上，中心极限定理描述的正是上述情形，这个定理正式表述如下：

如果从任一总体中重复抽取大小为 n 的样本（其中 n 较大，通常大于 30），不考虑其总体的分布形状，那么每个样本的均值近似于均值为 μ、标准差为 $\dfrac{\sigma}{\sqrt{n}}$ 的正态分布，其中 μ 和 σ 分别为抽样总体的均值和标准差。

样本均值 $\overline{x}$ 的分布模拟如下：

$$\overline{x} = Normal\left(\mu, \frac{\sigma}{\sqrt{n}}\right) \qquad （公式 24）$$

图 16 中均值的每个抽样分布都被这个函数模拟的正态分布曲线所覆盖。从这些图可以看出，它不能精确模拟小样本量的分布。

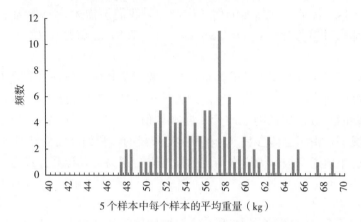

图 15　来自 5 个胴体的去骨牛肉平均重量的均值抽样分布

从 PERT（40，50，90）分布中随机选择 5 个样本，计算每个样本的平均值，并将结果绘制在频率图上。

中心极限定理并不依赖于抽取样本的分布形状，这一事实在图 17 中得到了充分证明，这是图 15 和图 16 中的示例所基于的原始分布。

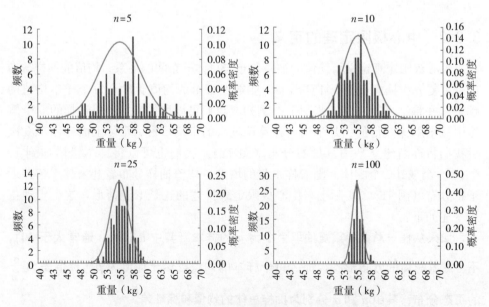

图 16　从 PERT（40，50，90）分布中抽取 100（n）个样本的均值抽样分布

均值抽样分布的标准差（$\frac{\sigma}{\sqrt{n}}$）更常指均值标准误，它能使我们衡量来自不同大小样本 n 的均值的变异程度。

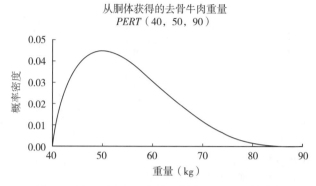

从胴体获得的去骨牛肉重量
$PERT$（40，50，90）

图 17 图 15 和图 16 中的示例所基于的原始分布

由于从总体中抽取大小为 n 的样本的平均值为 $\bar{x} = Normal\left(\mu, \frac{\sigma}{\sqrt{n}}\right)$，那么这 n 个独立样本总和的分布通过乘以 n 后获得，即：

$$\sum x_i = n\bar{x} = Normal(n\mu, \sigma\sqrt{n}) \qquad （公式 25）$$

3.2.3 总体均值 μ 和总体标准差 σ 已知

在某些情况下，我们可以合理地假设总体均值（μ）和总体标准差（σ）是已知的。例如，如果我们有大量的代表性数据，就可以从中得出分布的参数。在前述去骨牛肉的例子中，我们可以假设 $PERT$（40，50，90）分布准确地反映了从胴体获得的去骨牛肉的数量。假设我们想要确定屠宰 5 000 头牛可以获得多少去骨牛肉。常见的错误是在模拟过程中将体重分布 $PERT$（40，50，90）的 1 个随机值乘以 5 000，这样会产生极为夸大的、不正确的分布（图 18a）。这种计算方法没有考虑到每头牛屠宰出牛肉的重量是来自 $PERT$（40，50，90）分布的随机样本，也就是说每一头牛都是相互独立的。这种计算方法通过假设从 5 000 头牛中每头牛获得的肉量完全相等而模拟出了不合理情景。运用中心极限定理可以避免这种错误。在这个例子中，使用公式 25 来模拟从 5 000 头牛获得的去骨牛肉重量（t）的正确方法是（图 18b）：

$$\sum x_i = \frac{Normal(5\,000 \times 55, \quad 8.7 \times \sqrt{5\,000})}{1\,000}$$

其中，55kg 和 8.7kg 分别是 $PERT$（40，50，90）总体分布的均值和标准差。

如果每吨牛肉的出口收益为 6 000 美元，那么出口产自 5 000 头牛的牛肉能产生多少收益？显然，模拟这个问题的正确方法为：

$$\$6\,000 \times \frac{Normal\,(5\,000 \times 55,\,8.7 \times \sqrt{5\,000}\,)}{1\,000}$$

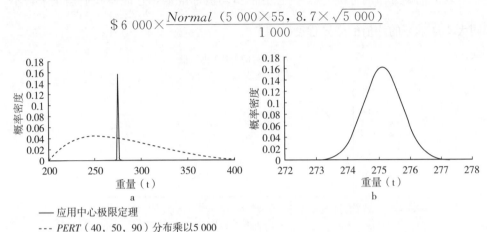

—— 应用中心极限定理

--- PERT（40，50，90）分布乘以5 000

图18　模拟屠宰5 000头牛获得的去骨肉重量的错误分布和正确分布

a. 使用常用的错误方法计算从5 000头牛获得的去骨肉重量的概率分布与使用中心极限定理得到的正确结果的比较。注：两个分布曲线下的面积都为1；b. 从5 000头牛获得的去骨肉重量的正确分布

　　假设可以使用分布来模拟每吨牛肉的收益，如使用 PERT（\$420，\$550，\$780）分布。在这种情况下还必须考虑这些肉是如何销售的，即牛肉销售的最小独立单位是什么？例如，单位是吨、集装箱还是船？如果是以吨为最小独立单位，那么可以假设每吨牛肉价格是服从 PERT（\$420，\$550，\$780）分布的随机样本。在这种情况下预测的5 000头牛可以产生去骨牛肉的吨数公式：

$$tonnes\,(吨数) = \frac{Normal\,(5\,000 \times 55,\,8.7 \times \sqrt{5\,000}\,)}{1\,000}$$

将其作为模拟每吨收益的公式输入值，则：

$$Normal\,(tonnes \times \$\mu,\,\$\sigma \times \sqrt{tonnes}\,) \qquad （公式26）$$

　　其中，μ 美元和 σ 美元分别代表模拟每吨牛肉期望收益（美元）PERT（\$420，\$550，\$780）分布的均值和标准差。

　　然而，如果将来自5 000头牛的去骨牛肉作为1个出售单位，所获收益须由下列公式模拟：

$$PERT\,(\$420,\,\$550,\,\$780) \times \frac{Normal\,(5\,000 \times 55,\,8.7 \times \sqrt{5\,000}\,)}{1\,000}$$

3.2.4　总体均值（μ）和总体标准差（σ）未知

　　很多情况下总体均值（μ）、总体标准差（σ）或总体分布形状是未知的，并且可能只有1个样本可以用来估计这些值。这种情况下如果有30个以上随机样本，并且总体分布不过分偏斜，就可以运用中心极限定理根据样本均值（$\bar{x}$）和样本标准差（s）来推算总体均值（μ）。不确定参数的概率分布、总体均值（μ）可以用下列公式模拟：

$$\mu = Normal\left(\bar{x}, \frac{s}{\sqrt{n}}\right) \qquad \text{（公式 27）}$$

从图 16 可以看出，样本容量（n）越大，中心极限定理的运用越可靠。样本量越大，样本均值的分布受变异性影响越小，因为每个均值的估计值受可能支配其的特定值的影响越小。容量大于等于 30 的样本通常可以认为足够大了。当 n 小于 30 时，总体分布是非正态分布或不近似对称，运用中心极限定理可能不能得到合理的近似值。这样就需要搜集更多的样本。如果不可能搜集到更多的样本，可以运用在本书第 6 章中讨论的方法，即在代表性数据很少的情况下建立不确定性参数（如均值）概率分布的方法。

3.2.5 估计达到固定总量所需的个体数量（n）

继续以去骨牛肉为例，我们可能要确定获得 1t 去骨牛肉需要屠宰多少头牛。不能简单地使用 1 000kg 除以从重量分布 $PERT$（40，50，90）获取的随机值，这样做并没有考虑到从每头牛获得的去骨牛肉量是来自 $PERT$（40，50，90）分布的随机样本。也就是说，每头牛都是相互独立的。因此假设每头牛恰好产生同样重量的牛肉极不合理。解决这个问题需要再次运用中心极限定理。然而，在这里情况并不是那么简单。我们需要建立一个电子数据表模型来说明动物之间的独立性，如表 10 所示。B 列的每个单元格都是服从 $PERT$（40，50，90）分布的独立样本，而 D 列是相加后的累积结果。E 列参照 B 列，确定牛肉

表 10　计算产生 1t 去骨牛肉需要屠宰肉牛数量的电子数据表模型摘录

	A	B	C	D	E
1	每头牛产生的肉重	（kg）	40	50	90
2	公式：	牛的数量	肉重	累积重量	每吨肉所
3	C4:C33{$PERT$（C1，D1，E1）}		（kg）	（kg）	需牛的数量
4	D4{=C4}	1	52	52	0
5	D5{=D4+C5}，D6{=D5+C6}等	2	49	101	0
6	E4{=0}	3	55	156	0
7	E5{=IF(D5<1 000,IF(D6>1 000,B6,0),0)}等	4	49	205	0
⋮	E34{SUM（E4：E33）}	⋮	⋮	⋮	⋮
33		30	53	1 651	0
34	**生产 1t 牛肉需要屠宰牛的头数**				**19**

注：8～32 行没有显示。

的累积总和何时达到 1t，以及需要屠宰多少头牛。然后运行模型得出结果（单元格 E34），收集所得结果并确定均值和标准差。从前面章节的讨论可知，我们需要对模型进行至少 30 次迭代才能估计抽样统计量。如图 19 所示，几百次迭代应该足够了。现在我们可以应用这些结果来确定需要屠宰多少头牛，如应用公式 $Normal$（$20\,000\mu$，$\sigma\sqrt{20\,000}$）能够确定获得 20 000t 牛肉所需屠宰牛的数量。图 20 显示了忽略每个动物都是相互独立的后果。

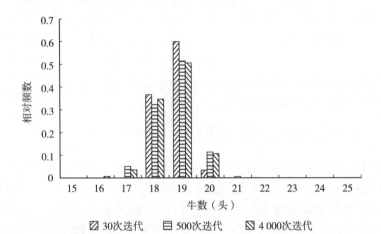

图 19 表 10 中模型运行不同迭代次数，得出的每吨
去骨牛肉所需要牛只数的分布结果

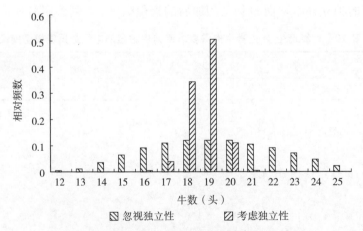

图 20 考虑和忽视牛之间的独立性时，得出的每吨
去骨牛肉所需要牛只数的概率分布比较

3.3 贝叶斯定理

贝叶斯定理是描述基于已知信息逻辑推论过程的基本概率法则。假设某个奶牛群某种疾病的流行率（p）为 30%、试验敏感性（Se）为 90%、试验特异性（Sp）为 98%。从这些信息可直接确定图 21 和表 11 中的概率：$P1 \sim P12$。这些概率使我们能够回答诸如"1 头奶牛被感染且检测为阴性的概率是多大？"或"随机选择的 1 头奶牛检测为阴性的概率是多大？"这样的问题。$P10$ 和 $P12$ 给出了这类问题的答案。我们或许还想知道 1 头检测为阴性的奶牛被感染的概率是多大。为此，我们需要计算出假阴性结果在阴性结果中所占的比例，即感染奶牛检测为阴性的概率除以所有检测为阴性的奶牛的概率。这就是贝叶斯定理的应用实例。这个定理允许我们根据检测奶牛获得的新信息，来修正随机选择的 1 头奶牛被感染的原始概率估计值（30%）。

贝叶斯定理可以更正式地表示为：

$$P(A|B) = \frac{P(A) \times P(B|A)}{P(B)} \qquad \text{（公式 28）}$$

其中：$P(A)$ 表示我们现有的知识，称为先验概率；

$P(B|A)$ 是条件概率，表示在事件（A）先验知识的基础上，事件（B）出现的概率；

$P(B)$ 是事件（B）发生的概率，与事件（A）的状态无关；

$P(A|B)$ 是获得新信息 $P(B)$ 后，事件（A）发生的修正概率或条件概率。

运用前面描述的示例，我们能够计算出检测为阴性的奶牛实际被感染的概率：

$$P(D^+|T^-) = \frac{P(D^+) \times P(T^-|D^+)}{P(T^-)} = \frac{p(1-Se)}{p(1-Se) + (1-p)Sp}$$

$$\text{（公式 29）}$$

$$P(D^+|T^-) = \frac{0.3 \times (1-0.9)}{0.3 \times (1-0.9) + (1-0.3) \times 0.98} = 0.04$$

这种概率还可以这样计算：

$$P(D^+|T^-) = 1 - P(D^-|T^-) = 1 - NPV \qquad \text{（公式 30）}$$

其中：$NPV = \dfrac{(1-p)Sp}{(1-p)Sp + (1-Se)p}$

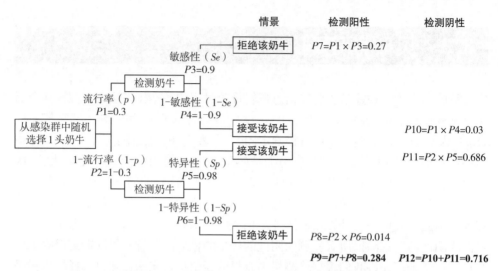

图 21　从感染群中随机选择的奶牛在检测后被接受或拒绝的途径情景树

表 11　动物疫病流行率和检测相关的概率

注：$P(D^+ \mid T^+)$ 这种形式的概率是条件概率。这是试验敏感性的例子，即奶牛检测为阳性的概率是奶牛被感染的条件概率。

$P1$	流行率：奶牛感染的概率	$P(D^+) = p$
$P3$	敏感性：如果奶牛被感染，检测为阳性的概率	$P(T^+\mid D^+) = Se$
$P5$	特异性：如果奶牛未感染，检测为阴性的概率	$P(T^-\mid D^-) = Sp$
1. 互补概率 $P(B) = 1 - P(A)$		
$P2$	奶牛未感染的概率	$P(D^-) = 1 - P(D^+) = 1 - p$
$P4$	如果奶牛被感染，检测为阴性的概率	$P(T^-\mid D^+) = 1 - P(T^+\mid D^+) = 1 - Se$
$P6$	如果奶牛未感染，检测为阳性的概率	$P(T^+\mid D^-) = 1 - P(T^-\mid D^-) = 1 - Sp$
2. 统计依赖联合概率，即一事件发生的概率依赖于另一事件发生的概率 $P(A \bigcap B) = P(A) \times P(B \mid A)$		
$P7$	真阳性：奶牛被感染且检测为阳性的概率	$P(D^+\bigcap T^+) = P(D^+) \times P(T^+\mid D^+) = p \times Se$
$P8$	假阳性：奶牛未感染且检测为阳性的概率	$P(D^-\bigcap T^+) = (1 - P(D^+)) \times (1 - P(T^-\mid D^-))$ $= (1-p) \times (1-Sp)$

（续）

$P10$	假阴性：奶牛被感染且检测为阴性的概率	$P(D^+ \cap T^-) = P(D^+) \times (1 - P(T^+|D^+)) = p \times (1 - Se)$
$P11$	真阴性：奶牛未感染且检测为阴性的概率	$P(D^- \cap T^-) = (1 - P(D^+)) \times P(T^-|D^-) = (1 - p) \times Sp$

3. 互斥事件 $P(A \cup B) = P(A) + P(B)$

$P9$	检测阳性：不管奶牛疫病状况如何，检测为阳性的概率	$P(T^+) = P(D^+ \cap T^+) + P(D^- \cap T^+)$ $= p \times Se + (1 - p) \times (1 - Sp)$
$P12$	检测阴性：不管奶牛疫病状况如何，检测为阴性的概率	$P(T^-) = P(D^+ \cap T^-) + P(D^- \cap T^-)$ $= p \times (1 - Se) + (1 - p) \times Sp$

4. 统计依赖条件概率（贝叶斯定理） $P(A|B) = \dfrac{P(A) \times P(B|A)}{P(B)}$

$P13$	真阳性或阳性预测值：检测结果为阳性的奶牛感染的概率	$P(D^+|T^+) = \dfrac{P(D^+ \cap T^+)}{P(T^+)} = \dfrac{p \times Se}{p \times Se + (1 - p) \times (1 - Sp)}$
$P14$	假阳性：检测结果为阳性的奶牛未感染的概率	$P(D^-|T^+) = \dfrac{P(D^- \cap T^+)}{P(T^+)} = \dfrac{(1 - p) \times (1 - Sp)}{p \times Se + (1 - p) \times (1 - Sp)}$
$P15$	真阴性或阴性预测值：检测结果为阴性的奶牛未感染的概率	$P(D^-|T^-) = \dfrac{P(D^- \cap T^-)}{P(T^-)} = \dfrac{(1 - p) \times Sp}{p \times (1 - Se) + (1 - p) \times Sp}$
$P16$	假阴性：检测结果为阴性的奶牛感染的概率	$P(D^+|T^-) = \dfrac{P(D^+ \cap T^-)}{P(T^-)} = \dfrac{p \times (1 - Se)}{p \times (1 - Se) + (1 - p) \times Sp}$

注：p 为流行率，Se 为试验敏感性，Sp 为试验特异性。

4 常用概率分布[①]

对于风险分析人员而言,有许多概率分布可用,但是如果应用不当,可能会导致分析中的重大缺陷。事实证明,有少量概率分布在进口风险分析中是有用且适用的,这将在本章中进行讨论。这些分布既包括以二项过程(二项分布、Beta分布、负二项分布)为基础的分布,也包括以泊松过程为基础的分布(泊松分布、伽玛分布和指数分布)。同样也包括累积分布、离散分布、总体分布、直方图分布、正态分布、对数分布、PERT(Beta PERT)分布、三角分布和均匀分布。

4.1 用于模拟二项过程的分布

二项试验或过程具有 5 个特征:
- 试验由 n 个相同的试验组成;
- 每个试验都会产生两种可能的结果之一,即成功或失败;
- 单次试验成功的概率等于 p,且在不同试验中保持相同;
- 试验是独立的,不受前面试验结果的影响;
- 关注的是 n 个试验中的成功次数 x,$x=0$,1,2,…,n。

二项过程可以用试验次数(n)和每次试验成功的概率(p)两个参数来描述其特征,结果表示为成功次数(x)。抛硬币试验和从一副牌中抽出一张牌的试验是典型的二项过程。二项过程还可应用于那些不是所有假设都严格满足的情况,但为了实际需要可以近似于二项过程。例如,从感染畜群中选择动物,其中选择的动物要么感染,要么未感染。如果畜群足够大,我们就能够合理地假设动物被感染的概率是不变的。这意味着随机选择的单个动物的疫病状况与所有其他预先选择的动物疫病状况无关,也意味着抽样期间未发生感染传播。

如果满足了二项过程的假设,一旦 n、p 或 x 3 个值中有 2 个是已知的,那么就可以从以下分布中估算出第 3 个值(图 22):

1)二项分布用于模拟成功次数 x:

$$x = Binomial(n, p)$$

---

① 本章主要参考 Vose D. 主编的《定量风险分析指南》,John Wiley & Sons,Chichester,2000。

2）Beta 分布用于模拟成功概率 p：

$$p = Beta(x+1, n-x+1)$$

3）负二项分布用于模拟在 x 次成功之前所实施的试验次数 n：

$$n = x + Negative\ binomial(x, p)$$

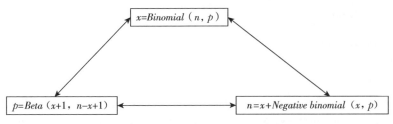

图 22　用于模拟二项过程参数的三种分布

4.1.1　二项分布

$x = Binomial(n, p)$

二项分布用于模拟进行 n 次试验时成功次数 x 的变异情况，每次成功的概率为 p。例如，如果我们抛硬币 10 次，那么可能多少次正面向上呢？如果硬币是均匀的，那么每次抛出得到正面和反面的机会是均等的，即概率为 0.5。多次重复抛硬币试验，记录每 10 次抛币出现正面的次数，我们将对 10 次抛币出现正面次数的概率有很好的了解。我们可以用二项分布函数来模拟 n 次试验中有 x 次成功的概率分布（图 23a），而不必进行大量试验。如果把这种想法延伸到从感染畜群中选择动物，就可以确定从选择的畜群中抽取出感染动物的可能数量（图 23b）。

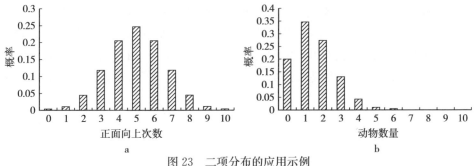

图 23　二项分布的应用示例

a. 抛币 10（n）次有 x 次正面朝上概率的二项分布；抛硬币，$Binomial(10, 0.5)$；

b. 从感染畜群中选择 10（n）只动物，其中 x 只感染。从流行率为 15% 的感染畜群中选择一组动物，$Binomial(10, 0.15)$

由于二项系数 $\dfrac{n!}{x!(n-x)!}$ 涉及计算阶乘，所以通过不同软件包进行计算会出现一些限制。如 @RISK 中的 $Binomial(n, p)$ 函数中 n 必须小于等于32 767。

当试验次数大于该数时，会返回错误提示。如果二项分布中 n 很大而 p 很小，均值 np 可近似等于方差 npq，即 $np \approx npq$。由于泊松分布的均值和方差是相等的，因此我们可以用泊松分布近似模拟二项分布，即 $Binomial(n,p) \approx Poisson(np)$。如果 n 很大而 p 不太大也不太小，也可以用正态分布近似，即 $Binomial(n,p) \approx Normal(np, \sqrt{npq})$。

4.1.2 Beta 分布

$$p = Beta(\alpha_1, \alpha_2)$$

Beta 分布由两个形状参数 α_1 和 α_2 描述其特征，这两个参数除了限定分布的形状外，没有其他特殊直观含义。由于两个参数的定义域在 0 和 1 之间（包括 0 和 1），因此 Beta 分布是模拟二项过程中（试验成功概率）参数 p 的不确定性的简便方法。

根据概率的经验定义（详见第 2 章），除非进行无穷次试验，否则不可能得到概率的确切值。但是，在进行了一定次数的试验并观测成功次数后，我们可以越来越确定其真实值。例如，假设 10 只感染了布鲁氏菌的公羊中有 9 只血清学试验为阳性，那么可以估计试验的敏感性为 90%，这就是 1 只公羊感染且检测为阳性的概率 $P(T^+|D^+)$。但是，我们有多大把握相信这是一个合理的估计呢？特别是考虑到实验动物仅有 10 只公羊的情况下？我们可以运用 Beta 分布来模拟参数 p 的不确定性，其中将 α_1 替换为 $x+1$（x 为成功次数），α_2 替换为 $n-x+1$（n 为试验次数）：

$$p = Beta(x+1, n-x+1) = Beta(9+1, 10-9+1)$$

这个分布实际上是在贝叶斯推断中，在二项似然函数之前使用特定的 Beta 分布 [$Beta(1,1)$] 作为无信息共轭而产生的后验分布（详见第 6 章）。

图 24 描述了模拟不确定参数 p 的分布曲线，其中 p 表示试验敏感性。它也表明，随着检测更多动物而收集的信息越来越多，我们越来越相信"真实的"敏感性实际上约为 90%。最终在获得合理的置信水平和获得额外信息所需的成本

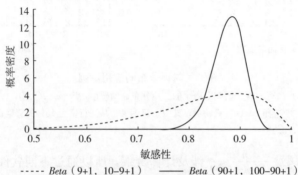

图 24　用 Beta 分布函数模拟二项分布中的不确定参数（p），其中 p 表示试验敏感性

与努力之间总是存在权衡。

表 12 中列举了 Beta 分布在动物卫生风险分析中的应用实例。

表 12　**Beta 分布** $[Beta(x+1, n-x+1)]$ **的一些应用**

应用	n	x
试验敏感性	发病动物数量	检测为阳性的发病动物数量
试验特异性	未发病动物数量	检测为阴性的未发病动物数量
流行率	动物、畜群、禽群的数量等	发病的动物、畜群、禽群的数量等
在没有"成功"的情况下估计概率，例如，当抽样动物未发现感染时估计流行率	抽样动物、进口单位的数量等	0

4.1.3　负二项分布

$$n = x + Negbin(x, p)$$

负二项分布由 2 个参数描述其特征，即成功次数（x）和成功概率（p）。负二项分布的结果描述为 x 次成功试验发生之前的试验失败次数。运用负二项分布可以估算取得了 x 次成功试验之前实施的试验次数 n，其中 n 等于成功次数 x 和失败次数 $Negbin(x, p)$ 之和。例如，我们可能想知道在抽到 1 只感染动物之前需要从流行率为 10% 的感染畜群中抽取多少只动物。在这个例子中，因为我们想知道在抽到第 1 只感染动物之前抽取了多少只未感染动物（"失败"），所以公式表示为 $Negbin(1, 0.1)$（图 25）。如果需要知道抽到第 1 只感染动物时一共抽取了多少只动物，那么公式表示为：$1+Negbin(1, 0.1)$。

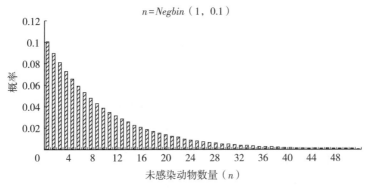

图 25　从疫病流行率为 10% 的畜群中抽到 1 只感染动物时已经
抽出的未感染动物数量的负二项分布

4.2　用于模拟泊松过程的分布

泊松过程有 4 个特征：

- 泊松过程模拟事件在时间或空间间隔（t）内发生的次数（x）；
- 它由参数 λ 来描述特征，λ 为每单位空间或时间间隔内发生事件的平均数；
- 每单位间隔内发生一次事件的概率是不变且连续的；
- 任何间隔内发生事件的次数都相互独立。事件在空间或时间上间隔多远都无关紧要。例如，一个事件可能仅观察到一次，或事件的两次发生之间的间隔相当大。

间隔（t）既可以是空间的（每升、每千克或每千米等），也可以是时间的（每秒、每小时、每天或每年等），每单位间隔发生事件的平均数（λ）可以表示为 $\frac{1}{\beta}$，其中 β 是事件之间的平均间隔。

注意在 Excel 和@RISK 中，使用的术语有些差别。在 Excel 中，泊松函数表示为 $POISSON$（x，期望值，0）[①]，其中 x 为事件发生次数，期望值是在间隔（t）内事件发生的期望次数，等于 $\lambda \times t$ 或 $\frac{t}{\beta}$。在@RISK 中，泊松函数表示为 $Poisson$（$lambda$），其中 $lambda$ 实际等于 $\lambda \times t$ 或 $\frac{t}{\beta}$，并不简单等于 λ，除非 t 等于 1。

有三种分布可用于模拟泊松过程（图 26）：

a）泊松分布用于模拟间隔（t）内发生的事件数（x）：

$$x = Poisson(\lambda \times t)$$

b）伽玛分布用于模拟：

—每单位间隔内发生事件的平均次数 λ 的分布：

$$\lambda = Gamma\left(x, \frac{1}{t}\right)$$

—直到下一次 x 个事件发生前经历时间的分布：

$$t_x = Gamma\left(x, \frac{1}{\lambda}\right)$$

c）指数分布用于模拟：

---

① "0" 是 1 个开关，用于确定结果是否返回泊松概率质量函数，即事件发生的概率恰好等于 x。如果它设为 "1"，就返回累积泊松概率，即事件发生的概率在 0 和 x 之间。

一直到下一个事件发生前所经历时间的分布:

$$t_{next} = Expon\left(\frac{1}{\lambda}\right) = Gamma\left(1, \frac{1}{\lambda}\right)$$

一当没有观测到事件发生时,两个事件的平均间隔 β 下限的分布:

$$\beta_{\min} = \frac{1}{Expon\left(\frac{1}{t}\right)}$$

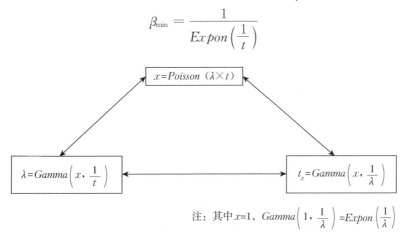

注:其中 $x=1$, $Gamma\left(1, \frac{1}{\lambda}\right) = Expon\left(\frac{1}{\lambda}\right)$

图 26 用于模拟泊松过程中参数的分布

4.2.1 泊松分布

$x = Poisson(\lambda \times t)$,这个公式也可以表示为 $x = Poisson\left(\frac{t}{\beta}\right)$

泊松分布用于模拟间隔(t)内事件发生次数(α)的变异性。泊松过程可以很好地近似估计 1 个间隔内所发生事件的次数,如每升水中的细菌数、每年某疫病的暴发次数、每十年地震次数等。虽然理论上在特定间隔内发生的事件数可以为 0 到正无穷大,但在实践中却并非如此。例如,如果平均每毫升水中有 4 个贾第鞭毛虫囊,图 27 则说明了超过 20 个囊的概率已经非常小了。

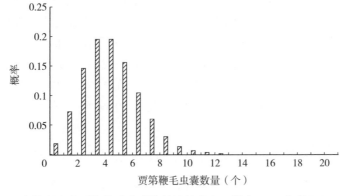

图 27 一定体积水中贾第鞭毛虫囊数的泊松分布,其中 $\lambda = 4$ 个囊/mL, $t = 1$mL

　　如果历史记录表明平均 24 个月暴发一次疫情，那么我们可以估算未来 6 个月内疫病的暴发次数。在这种情况下，事件（β）之间的平均间隔是 24 个月，每月暴发次数 λ 为 1/24（0.04）。那么，未来 6 个月内疫病暴发次数模拟为 $Poisson$（6/24），如图 28 所示。

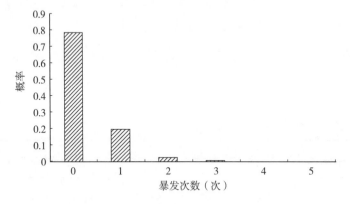

图 28　平均 24 个月（β）暴发一次疫情，未来 6 个月（t）内疫病

暴发次数的泊松分布：$Poisson\left(\dfrac{6}{24}\right)=Poisson$（0.25）

4.2.2　伽玛分布

估计每单位间隔发生事件的平均次数 λ，$\lambda=Gamma\left(x,\dfrac{1}{t}\right)$

　　伽玛分布用于模拟泊松过程中每单位间隔发生事件平均数 λ 的不确定性。如果我们采用概率的经验定义（见第 2 章），正如二项概率（p）一样，除非我们将观测间隔扩展为无穷大，否则实际上永远不可能观察到 λ 值。然而，可以通过收集更多的数据来增加对实际值估计的可信度。例如，如果 18 个月内暴发过 3 次疫病，那么我们运用泊松过程能够估计出每月暴发疫病的平均次数为 0.17。换句话说，整个观测期间暴发疫病的概率是连续的、不变的吗？疫病暴发相互间是独立的吗？如果我们认为泊松过程适用，那么我们能有多大把握相信这是一个合理的估计呢？如图 29 所示，我们可以用伽玛分布来模拟参数 λ 的不确定性。如果延长观察时间，发现在 42 个月内暴发过 7 次疫病，那么我们就会越来越有信心认为每月暴发疫情平均次数的"真实"值为 0.17。

　　实际上，$Gamma\left(x,\dfrac{1}{t}\right)$ 分布是在假设泊松似然函数（详见第 6 章）的无信息先验情况下获得的后验分布。如果使用 $Gamma(a,b)$ 分布能合理地描述先验观点，然后在时间 t 内观测到 x 次事件，那么 λ 的后验分布为：

$$\lambda = Gamma\left(a+x, \frac{b}{1+b\times t}\right)$$

其中：a 为事件发生次数；

      b 为发生事件之间的平均间隔。

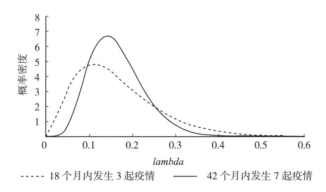

      ----- 18 个月内发生 3 起疫情   —— 42 个月内发生 7 起疫情

图 29   用伽玛分布 $Gamma\left(x, \frac{1}{t}\right)$ 估计每月疫病暴发平均次数（λ），

         其中 x 为疫病暴发次数，t 为观察时间间隔。假设伽玛分布是适用的

估计直到下一次 x 个事件发生前经历的时间

$t_a = Gamma\left(a, \frac{1}{\lambda}\right)$，其另一种表述方法为 $t_a = Gamma(\alpha, \beta)$

    伽玛分布可以用于模拟直到下一次 x 个事件发生前经历时间的变异程度。如果某种疫病暴发的平均时间间隔（β）是 24 个月，那么我们就可以估计到下一次疫病 α 暴发前可能经历的时间长度。图 30 绘出了暴发 4 次疫病之前可能经历时间长度的分布。

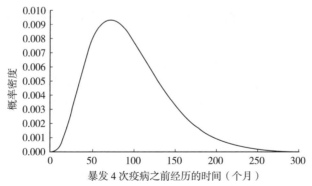

图 30   如果事件发生的平均时间间隔 $\beta=24$ 个月，暴发 4 次疫病之前可能经历的时

         间为 $t_4 = Gamma$（4，24）。这个过程也可表述为每单位间隔事件发生的平

         均数，其中 $\gamma = \frac{1}{24} = 0.042$，$t_4 = Gamma\left(4, \frac{1}{0.042}\right)$

4.2.3　指数分布

估计直到下次事件发生前经历的时间

$$t_{next} = Expon\left(\frac{1}{\lambda}\right) = Gamma\left(1, \frac{1}{\lambda}\right)$$

该公式也可以表示为 $t_{next} = Expon(\beta) = Gamma(1, \beta)$。

指数分布和伽玛分布都可以用于模拟直到下一次事件发生前的经历时间（两次事件之间的时间间隔）的变异程度。$Expon(\beta)$ 等于 $Gamma(\alpha, \beta)$，其中事件数（α）等于1。例如，如果我们假定某疫病暴发次数服从泊松过程，估计疫病暴发平均时间间隔为 24 个月，那么我们就可以建立一个预期下一次疫病暴发前可能经历多长时间的分布（图31）。

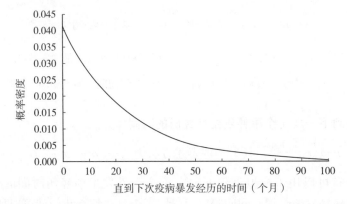

图31　如果两事件之间平均间隔（β）= 24 个月，那么直到下一次疫病暴发所经历时间 $t_{next} = Expon$（24）或 $t_{next} = Gamma$（1, 24）

当没有观测到事件发生时，估计事件之间平均间隔 β 的下限，$\beta = \dfrac{1}{Expon\left(\dfrac{1}{t}\right)}$

在间隔（t）内没有观测到事件发生时，指数分布可以用来估计事件发生之间平均间隔 β 的下限。此估计中有几个重要的假设。假设事件的发生是可能的，即在上次观测之后立即发生第一次，同时这个事件的发生服从泊松过程。因为只针对 1 个事件的发生，所以我们可以估计 λ 为：$Gamma\left(1, \dfrac{1}{t}\right) = Expon\left(\dfrac{1}{t}\right)$，且由于 $\beta = \dfrac{1}{\lambda}$，所以 $\beta = \dfrac{1}{Expon\left(\dfrac{1}{t}\right)}$。

泊松过程的假设尤其重要，在确定恰当的时间间隔时应加以考虑。例如，如果最近 10 年内某国没有发生口蹄疫，那么是否可以假定在此期间发生口蹄疫的概率是连续的、不变的？或者相反，由于最近 3 年从经常发生口蹄疫的邻国走私动物及肉品事件越来越多，很显然，发生口蹄疫的概率已经有很大变化。因此，以 10 年间隔估算 β 就不合适了，选择 2～3 年间隔也许会更好些。

估计在 1 个时间间隔内至少发生 1 次事件的概率

$$P(x \geqslant 1) = 1 - EXP\left(\frac{-t}{\beta}\right)$$

我们可以用指数函数如 EXP（ ）[1]来估计在 1 个时间间隔内至少发生 1 次事件的概率。1 个时间间隔 t 内没有事件发生的概率为 $EXP\left(\frac{-t}{\beta}\right)$，它等于 $e^{-t/\beta}$，不应该与@RISK 中的指数函数混淆。那么在 1 个时间间隔内至少发生 1 次事件的概率为 $1-EXP\left(\frac{-t}{\beta}\right)$，在 Excel 中，该公式可以表示为：

$$1 - EXP(-t \times \lambda),\text{或} 1 - POISSON\left(0, \frac{t}{\beta}, 0\right),\text{或} 1 - POISSON(0, t \times \lambda, 0)$$

下面的例子计算了如果疫病发生的平均间隔（β）为 24 个月，那么此后 6 个月内至少暴发 1 次疫病的概率：

$$P(x \geqslant 1) = 1 - EXP\left(\frac{-6}{24}\right) = 0.22$$

这个值也能通过图 28 所示方法计算，即把 1，2，3，…，n 个事件发生的概率求和。

4.3 累积分布

$Cumul$（$minimum$，$maximum$，$\{x_i\}$，$\{p_i\}$），其中 $i=1\sim n$

如果一组数据是连续的且在合理范围内，累积分布就可以将这组数据转换成经验分布。例如，1996 年[2] Melville 和同事报告了牛自然感染蓝舌病病毒的病毒血症持续期（表 13）。这种数据可以用累积分布函数（图 32）或直方图分布函数（图 33）模拟：

$Cumul$（$minimum$，$maximum$，$\{x_i\}$，$\{p_i\}$）= $Cumul$（0，13，$\{B3:B14\}$，$\{E3:E14\}$）

$\quad Histogrm$（$minimum$，$maximum$，$\{p_i\}$）= $Histogrm$（0，13，$\{D3:D14\}$）

---

① 这是 Excel 函数，不应与@Risk 中的 Expon（ ）函数混淆。

② Melville LF，Weir P，Harmsen M，Walsh S，Hunt NT，Deniels PD. Characteristics of naturally occurring bluetongue viral infections of cattle. In：St George TD，Peng kegao（eds）. Bluetongue Disease in Southeast Asia and Pacific. Pp 245 - 250. Proceedings No. 66，ACIAR，Canberra，1996.

表 13　牛自然感染蓝舌病病毒的病毒血症持续期（改编自 Melville 等，1996 年）

	A		B	C	D
1		周	牛的头数	直方图概率	累积概率
2	从	到			
3	0	1	53	0.111	0.111
4	1	2	124	0.260	0.371
5	2	3	148	0.310	0.681
6	3	4	83	0.174	0.855
7	4	5	36	0.076	0.931
8	5	6	14	0.029	0.960
9	6	7	10	0.021	0.981
10	7	8	5	0.011	0.992
11	8	9	2	0.004	0.996
12	9	10	0	0.000	0.996
13	10	11	0	0.000	0.996
14	11	12	2	0.004	1.000

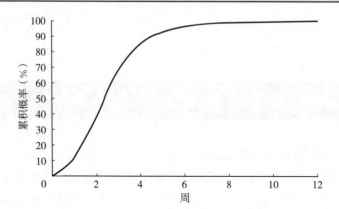

图 32　牛自然感染蓝舌病病毒后病毒血症期的累积概率分布

4.4　离散分布和离散均匀分布

$Discrete(\{x_i\}, \{p_i\})$，其中 $i=1\sim n$

$Duniform(\{x_i\})$，其中 $i=1\sim n$

离散分布没有理论依据，它可以作为一般分布函数来描述可以取几个离散值（x_i）的变量，每个离散值都指定了值出现概率的权重（p_i）。因为@RISK 公式能自动使概率（p_i）归一化，所以概率 p_i 之和不必为 1。在贝叶斯推断计算中，离散分布可以用来模拟后验分布，也可以用来对有分歧的专家意见进行模拟或者建立复合分布（详见第 6 章）。离散均匀分布是离散分布的一种特殊形式，它有为数不多的几个离散值（x_i），每个值都有相同的发生概率。

4.5 一般分布

General（$\{x_i\}$，$\{p_i\}$），其中 $i=1\sim n$

一般分布是基于使用指定的 x，p 数对创建的密度曲线获得的一般性概率曲线。与离散分布一样，因为@RISK 函数能自动使概率 p_i 归一化，所以概率 p_i 之和不必为 1。贝叶斯推断中的一般分布可以用来模拟后验分布，其中估计参数是连续的，并且能够产生反映专家意见的相当详细的分布（见第 6 章）。

4.6 直方图分布

Histogrm（*minimum*，*maximum*，$\{p_i\}$），其中 $i=1\sim n$

直方图分布同一般分布密切相关，是用于模拟一定数量的相等长度类别的连续性数据的分布。数据从最小值到最大值分为 n 类，每一类事件发生的概率为（p_i）。与离散分布和一般分布一样，因为@RISK 函数能自动使概率 p_i 归一化，所以概率 p_i 之和不必为 1。直方图分布对于描绘一组数据的分布形状很有用。

正如在累积分布例子中所讨论的，Melville 和同事（1996）报告的关于牛自然感染蓝舌病病毒后病毒血症持续期的数据也可用直方图分布来模拟（图 33）。

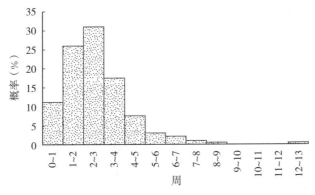

图 33 牛自然感染蓝舌病病毒后病毒血症持续期直方图概率分布：
Histogrm（*minimum*，*maximum*，$\{p_i\}$）＝*Histogrm*（0，13，$\{D3:D14\}$）

4.7　超几何分布

$x = Hypergeo\,(n,\,D,\,M)$

超几何过程由 3 个参数来描述其特征：样本大小（n）、有相关特性的样本数量（D）和总体大小（M）。在样本中，结果表示为试验成功数（x）。与第 5 章中讨论的类似，超几何过程中，成功的概率随着每次试验从总体中抽取和移除个体而变化。超几何分布可用来有效地模拟不重复抽样。例如，如果畜群中有 100 只动物（$M=100$），其中有 5 只为感染动物（$D=5$），则 $\dfrac{D}{M}$ 是 0.05；如果抽取的第 1 只动物是感染动物，那么 $\dfrac{D}{M}=\dfrac{4}{99}=0.04$；如果是非感染动物，则 $\dfrac{D}{M}=\dfrac{5}{99}=0.051$。因此，概率随抽取的动物是否感染而变化，也就是说 p 依赖于前面的试验结果。这同二项过程相比正好相反，二项过程中，成功概率（p）是恒定的，每次试验结果不依赖于任何以前的试验结果。因此，二项过程可有效地模拟重复抽样。当样本大小（n）同总体大小（M）相比很小时（小于 1/10），二项分布近似于超几何分布。

图 34 提供了一系列概率分布，用于表示从大小为 M、感染动物数为 D 的畜群中，抽取容量为 n 的样本、包含 x 个发病动物的概率。图中分别比较了降低畜群大小与从群体中抽取动物数的比值（M/n）后的超几何分布和二项分布。对于整个分布系列，畜群大小 M 和感染动物数 D 在整个比较过程中一直保持恒定。可以看到，一旦 M/n 的值低于 10，两个分布就出现了不一致。当 M/n 接近 1 时，二项分布对所选群体中感染动物数的预测极有可能比畜群中实际存在的感染动物数多。根据具体的模拟情形，这些差别或许不太重要。然而应该了解这种情况并调查 M/n 值很低时的影响。

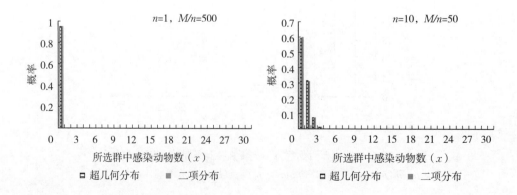

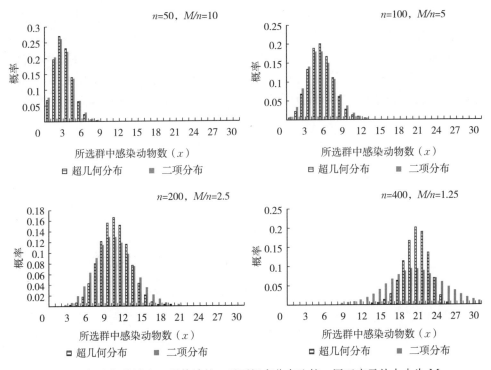

图 34　超几何估计和二项估计的一系列概率分布比较，用于表示从大小为 M、
感染动物数为 D 的畜群中抽取容量为 n、感染动物数为 x 的样本

　　变量为动物群大小 M 和感染动物数 D，分别固定为 500 和 25。对于超几何分布，$x = Hypergeo(n, D, M)$；对于二项分布，流行率为 $\dfrac{D}{M}$，$x = Binomial\left(n, \dfrac{D}{M}\right)$。

4.8　对数正态分布

Lognorm (μ, σ)

Tlognorm (μ, σ, *minimum*, *maximum*) ——截尾的对数正态分布

　　对数正态分布由两个参数描述其特征：均值（μ）和标准差（σ）。对数正态分布是从零延伸到正无穷大的无界连续分布，用于模拟自然对数服从正态分布的变量（x）。参数 μ 和 σ 是对数正态分布的实际均值和标准差。对数正态分布也可以由 $\ln(x)$ 的正态分布的均值和标准差来定义。对数分布是在概率风险评估中应用最广泛的分布之一。它能够很好地模拟从 0 开始、正向偏斜的数据。就是说数据会有向右延伸的长尾。例如，模拟牛群或羊群的大小、加工火腿的重量、胴体重量，以及

疫病潜伏期等。另外，两个或多个分布乘积的计算机仿真结果一般是对数正态分布。

由于对数正态分布曲线是从零伸展到正无穷，那么需要对其限制以避免出现不合实际的值。例如，图 35 显示了用 $Lognorm$（5，3）模拟的某种疫病潜伏期。如果该病的潜伏期最短为 2d、最长为 14d，那么从这个分布中随机得到的样本值有可能超出这个范围。因此需要对这个分布截尾，以保证抽样值的合理性。

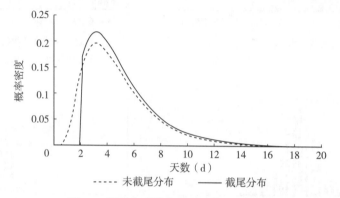

图 35 模拟疫病潜伏期的对数正态分布

未截尾的分布为 $Lognorm$(5，3)，截尾分布的最小值为 2，最大值为 14：$Tlognorm$(5，3，2，14)

4.9 正态分布

$Normal$（μ，σ）

$Tnormal$（μ，σ，$minimum$，$maximum$）——截尾的正态分布

正态分布由均值（μ）和标准差（σ）两个参数来描述其特征。正态分布是从负无穷到正无穷的无界连续分布，曲线呈钟形（图 36）。正态分布关于均值对称，它 99.9％ 的值位于均值 ±3 个标准差范围内。许多自然发生的变量，如体重、身高、组织中的病毒滴度、生理特征、组织和体液的 pH、牛奶及蛋的产量等都呈正态分布。有些数据经过转换，也呈正态分布，如一组有关疫病潜伏期的数据，经过对数转换呈正态分布。正态分布在从中心极限定理（详见第 3 章）到统计理论的统计推断和假设检验中都有很广泛的应用。

因为正态分布是无界的，所以需要对其加以限制以避免出现不切实际的值。图 36 描述了变异系数 $\left(\dfrac{standard\ deviation}{mean}\right)$ 对分布的伸展和随机抽取到"不真实"值可能性的影响。它需要认真检查，特别是当变异系数相当大时。如果可能取到不切实际的值，就需要用 $Tnormal$(μ，σ，$minimum$，$maximum$) 函数对正态分布截尾，其中，$minimum$ 和 $maximum$ 为取值的最小值和最大值。

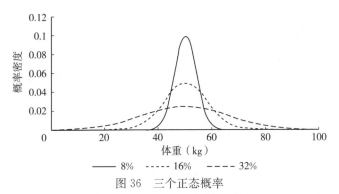

图36 三个正态概率

在均值都相同（$\mu=50$）的情况下，不同变异系数对分布曲线平坦性和随机取得不切实际值可能性的影响。

如果运用正态分布模拟离散变量，如畜群中的动物数量，我们可能需要考虑对连续性进行修正。这很容易通过将 $ROUND(\ldots, 0)$ 函数应用于 $ROUND(Normal(\mu, \sigma), 0)$ 分布来实现。另外，假定我们建立电子数据表来计算获得一个 x 只动物畜群的概率。我们不是简单地使用概率质量函数 $NORMDIST(x, \mu, \sigma, 0)$ 来计算概率，而是需要对每个 x 值加上或减去0.5；然后可以运用累积密度函数来计算与以 $x\pm0.5$ 为界的区间相关概率，即 $NORMDIST(x+0.5, \mu, \sigma, 1) - NORMDIST(x-0.5, \mu, \sigma, 1)$。

4.10 PERT 分布（Beta PERT 分布）

$PERT(miniumn, mostlikely, maximum)$

PERT 分布是 Beta 分布的修正分布，可以通过最小值、最可能值及最大值定义连续、光滑的分布：

$$PERT(a,b,c) = Beta(\alpha_1, \alpha_2) \times (c-a) + a$$

其中：a 为最小值；

b 为最可能值；

c 为最大值。

$$\alpha_1 = \frac{(\mu-a) \times (2b-a-c)}{(b-\mu)(c-a)}$$

$$\alpha_2 = \frac{\alpha_1 \times (c-\mu)}{(\mu-a)}$$

$$\mu(均值) = \frac{a+4b+c}{6}$$

与三角形分布相比，PERT 分布能提供更自然的形状，且不易受极值（最小和最大）影响，尤其是当分布偏斜的时候（图38）。PERT 分布在模拟专家意见时极为有用（详见第 6 章）。

在标准的 PERT 分布中，对均值加权重 4 可以使均值对于最可能值的敏感性为对最小值或最大值敏感性的 4 倍。通过把权重因子（γ）整合到计算均值的公式中，使用不同的最小值、最可能值和最大值可以产生各种形状的图形：

$$\mu = \frac{a + \gamma \times b + c}{\gamma + 2}，其中 \gamma 为权重。$$

图 37 显示的是雏鸡 49 日龄屠宰以前可能受到传染性法氏囊病（IBD）病毒感染的日龄分布。起初由于很多不确定性，因而使用均匀分布 $Uniform$（1，49）[①]。随着获得更多信息，可以看出 3 周时最易感染，所以可用 $PERT$（1，21，49）来模拟。经过进一步调查后估计结果修正为"大多数鸡在 14～28 日龄被感染"，可以表述为 90% 的鸡可能在此期间被感染[②]。根据 EXCEL 中的 Solver 函数得出权重为 28.2 的修订 PERT 分布（表 14），可用于模拟这些新信息。最小值、最可能值和最大值的估计值与原 PERT 分布所用相同。

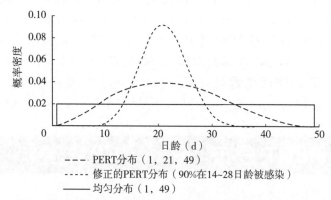

图 37　鸡 49 日龄屠宰之前可能感染 IBD 病毒的日龄均匀分布、标准 PERT 分布
　　　和修正的 PERT 分布之间的比较

表 14　用 Excel 中 Solver 函数计算修正的 PERT 分布权重（γ）的电子数据表模型

变换的单元格（B8）设置为权重（γ），目标单元格设置为 B9，其值等于 0.9，表示曲线下面积介于 14～28d。BETADIST 函数计算累积 Beta 概率密度。

	A	B
1	输入值	
2	最小值（a）	1
3	最可能值（b）	21

---

① MAF Regulatory Authority. Import Risk Analysis: chicken meat and chicken meat products; Bernard Matthews Foods Ltd turkey meat preparations from the United Kingdom. Wellington, New Zealand, 1999.

② MAF Regulatory Authority. Revised Quantitative Risk Analysis on Chicken Meat from the United States. Wellington, New Zealand, 2000.

（续）

	A	B
4	最大值（c）	49
	计算值	
5	均值（μ）	$\mu=\dfrac{a+\lambda\times b+c}{\gamma+2}$
6	α_1	$\alpha_1=\dfrac{(\mu-a)\times(2b-a-c)}{(b-\mu)\times(c-a)}$
7	α_2	$\alpha_2=\dfrac{\alpha_1\times(c-\mu)}{\mu-a}$
8	单元格变换（γ＝权重）	28.2
9	目标单元格（曲线下区域）	$BETADIST(28,\alpha_1,\alpha_2,a,c)-BETADIST(14,\alpha_1,\alpha_2,a,c)$

4.11 三角分布

Triang（*minimum*，*most likely*，*maximum*）

三角分布是广泛用于模拟专家意见的连续分布，三角分布由最小值、最可能值和最大值来定义。其主要缺点是形状不自然，即便有可能，也很少能合理地描述生物过程。同许多自然的曲线分布相比（如 PERT 分布），其过高估分布的尾部而低估分布的肩部（图 38）。

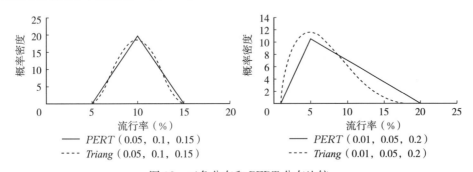

图 38 三角分布和 PERT 分布比较

4.12 均匀分布（矩形分布）

Uniform（*minimum*，*maximum*）

均匀分布，又称矩形分布，是一种简单的连续分布，它仅需要对所有可能值范围进行假设。范围内所有的值都有相同的出现概率。它常在除了取值范围以外没有其他信息可用时运用。例如，我们可能有一些在感染后 2～6d 从肌肉组织中分离出 IBD 病毒的信息[①]。这些信息可以整合到 $Uniform$（2，6）分布模型中，如图 39 所示。

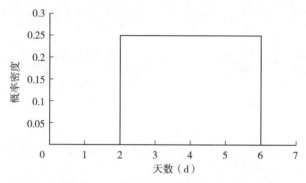

图 39　鸡感染 IBD 病毒后肌肉组织传染期的均匀分布

①　MAF Regulatory Authority. Import Risk Analysis: chicken meat and chicken meat products: Bernard Matthews Foods Ltd turkey meat preparations from the United Kingdom. Wellington，New Zealand，1999.

5　概率过程及计算

5.1　概率表示：二项过程和超几何过程的比较

许多定量风险评估的结果都是二元的，即只有两种可能结果。例如，动物感染或没有感染；检验呈阳性或阴性；疫病发生或没有发生。在这种情况下，概率可用两种方法之一表示。以疫病流行率为例，我们可以估计规模为 M 的畜群中 1 只动物被感染的概率是 0.05，或者假定我们确切知道该畜群中有多少只感染动物数（D），此时流行率恰好是 $\dfrac{D}{M}$。那么这两种表示方法之间有什么差别呢？第一种表示方法中指定了 1 个概率（$p=0.05$），即在畜群中随机选择 1 只动物可能是感染的概率。在这种情况下，流行率为 p 并不意味着畜群中恰好有 $p\times M$ 只感染动物，而是表明每只动物有相同的感染概率（p），并且可以预期畜群中平均有 $p\times M$ 只感染动物。这种情形类似于从有无数只动物、感染比率为 p 的"超级畜群"中抽取动物。在这样的超级畜群中，感染动物数（D）服从二项分布，$D=Binomial(M,\ p)$。与此相似，如果随机抽取 n 只动物的样本，那么样本中的感染动物数量（x）和包含 x 个感染动物的概率（P）都服从二项分布：

$$x = Binomial(n,p)$$
$$P(X = x) = BINOMDIST(x,n,p,0)$$

每次试验都有相同的成功概率 p 是二项过程的基本特性，即每只动物感染的概率（p）保持不变。这意味着随机抽取单个动物的疫病状况与其他所有已选动物的疫病状况相互独立。因此二项过程可以有效地模拟重复抽样。实践中，这一点不容易做到，如果抽样的总体相对于样本来说很大，那么假设概率保持不变是合理的。如果总体容量至少是样本容量的 10 倍，这种假设是合理的。

在用二项过程模拟疫病流行率时（详见第 3 章和第 4 章），如果畜群中预期感染动物数量（$p\times M$）很低，那么很可能在有些畜群中根本没有感染动物（图 40）。这一点乍看起来并不合理，因为前述畜群的流行率为 p，那么可以理所当然地认为畜群中至少有 1 只感染动物。这种情况下使用风险畜群和非风险畜群的概念比使用感染畜群和未感染畜群的概念更合理些。风险畜群是畜群中被感染的部分，其中的预期感染动物数平均为 $p\times M$ 只。而非风险畜群是畜群中流行

率 p 为 0 的部分，其预期感染动物数 $p \times M$ 也是 0。

如果我们知道畜群中感染动物的准确数量，二项过程就不再适用。这种情况下，随机选择的容量为 n 的样本中感染动物数 x，以及包含 x 只感染动物的样本概率 P 服从超几何分布：

$$x = Hypergeo(n, D, M)$$

$$P(X = x) = HYPGEOMDIST(x, n, D, M)$$

超几何过程用来模拟不重复抽样，与二项过程的假设不同，抽样过程中不再认为概率 p 为常量。每次从样本集中抽取 1 只动物后，下次抽取 1 只感染动物的概率就会发生变化，也就是说抽取到 1 只感染动物的概率不再是常量。超几何过程模拟流行率有一定的优势，但也有一些明显的缺陷。实际上我们很少能够确切地知道畜群中有多少只动物被感染。另外，更重要的是，正如下面所讨论的，由于概率不再是常量，所以快捷的数学方法不再具有实用性。

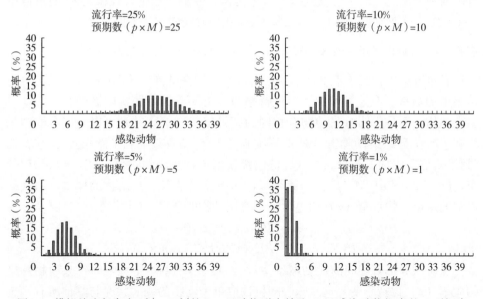

图 40　模拟从流行率为 1‰～25‰的 100 只动物群中抽取 D 只感染动物概率的二项概率
　　　　分布，其中 $D = Binomial(M, p)$

5.2　二项概率计算

在此，我们假设二项过程（详见第 3 章和第 4 章）是适用的。事件发生的概率 p 意味着，如果进行 n 次试验，该事件平均预期发生 $p \times n$ 次。因此，如果我们假设流行率为 p，那么在包含 M 只动物的畜群中预计平均有 $p \times M$ 只感染动物。另外，无论已经有多少只动物被抽取，下一次抽取感染动物的概率保持不变。我们稍后考虑另一种情况，即假设我们确切知道一个畜群中有多少只动物被感染。在这种情况下，抽取感染动物的概率是变化的，变化多少取决于前面抽取动物的感染状态，下面进行详细阐述。

一批动物中至少包括 1 只感染动物的概率

不采取卫生措施

卫生措施是指用于管理对人类或动物健康造成风险的措施。然而，这部分我们将讨论在不采取卫生措施的情况下，进口 1 只感染动物的可能性。下列计算提供了对无限制或未减轻风险的估计。采取卫生措施情况下引入感染动物的可能性将在后面讨论。

a）从感染率为 p 的总体（如 1 个畜群、1 个区域或 1 个国家）中随机抽取动物

如前所述，如果 1 只动物被感染概率为 p，随机抽取 n 只动物，那么有：

· 所有 n 只动物都被感染的概率是 p^n；

· n 只动物都没有感染的概率是 $(1-p)^n$；

· n 只动物中至少有 1 只感染的概率是 $1-(1-p)^n$（图 41）。

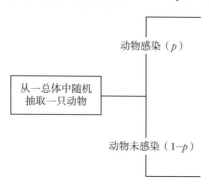

图 41　从总体中随机抽取 1 只动物感染与否的情景树

这些结果也可以从二项函数中获得（详见第 3 章）。在从感染率为 p 的特定总体中随机选择 n 只动物作为一组，其中恰好包含 0，1，2，3，…，x 只感染动物的概率用二项函数计算如下：

$$P(X=x)=BINOMDIST(x,n,p)=\binom{n}{x}p^x(1-p)^{n-x}$$

（公式 31）

其中：x 为感染动物数量；

　　　n 为一批动物中的动物数量；

　　　p 为总体感染率。

式中各项可以相加。例如，如果想计算包含 n 个动物的一批群体中至少有 1 只感染动物（D^+）的概率，可以将从 $x=1$ 到 $x=n$ 的各项相加：

$$P(D^+ \geqslant 1) = \sum_{x=1}^{n} \binom{n}{x} p^x (1-p)^{n-x} \qquad \text{（公式 32）}$$

另外一种计算方法是减去至少有 1 只感染动物的互补概率，即 1 减去样本 n 中没有感染动物的概率：

$$P(D^+ \geqslant 1) = 1 - \binom{n}{0} p^0 (1-p)^{n-0} \qquad \text{（公式 33）}$$

既然 $\binom{n}{0}$ 和 p^0 都为 1，此等式可简化如下：

$$P(D^+ \geqslant 1) = 1 - (1-p)^n \qquad \text{（公式 34）}$$

b）从总体的子集中抽取动物，即考虑疫病聚类

这种情况分两个阶段抽取动物。先抽取畜群，再从这个畜群中抽取动物（图 42）。最简单的情况是假设每个感染畜群的感染率和从每个畜群中抽取的动物数量都相同。如果抽取了 h 个畜群，每个畜群中抽取 n 个动物，那么 1 批动物中至少包含 1 只感染动物的概率为：

$$P(D^+ \geqslant 1) = 1 - (1 - HP(1-(1-p)^n))^h \qquad \text{（公式 35）}$$

其中：HP 为群体流行率（感染群的比例）；

n 为从一个畜群中抽取的动物数量；

h 为畜群数量。

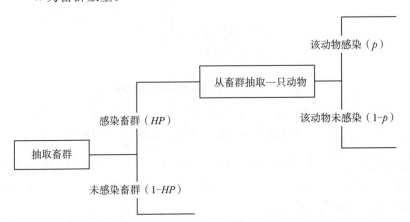

图 42 从畜群中随机抽取 1 只动物感染与否的情景树

如果选择的动物数量（n）和流行率（p）随着畜群的不同而不同，那么这个公式相应修改为：

$$P(D^+ \geqslant 1) = 1 - \prod_{i=1}^{h} (1 - HP(1-(1-p_i)^{n_i})) \qquad \text{（公式 36）}$$

这种情况下，需要计算第 i 个畜群中无感染动物的概率 $1-HP(1-(1-p_i)^{n_i})$，并将所有结果相乘 $\prod\limits_{i=1}^{h}$，从 1 中减去这个结果就可以获得从 h 个畜群中抽取 1 个群体至少有 1 只感染动物的概率。

采取卫生措施

卫生措施是指用于管理对人类或动物健康造成风险的措施。这些措施包括检测、检查、治疗及检疫等。本部分讨论检测这种卫生措施的效果。因此，这些计算提供了对采取卫生措施之后剩余风险的估计。

a）拒绝检测为阳性的动物

——从感染率为 p 的总体中（如 1 个畜群、1 个区域或 1 个国家）随机抽取动物，用敏感性为 Se、特异性为 Sp 的试验进行检测。

图 43 演示了如何确定在我们接受的所有动物（即检测为阴性的动物）中是否至少有 1 只感染动物。我们需要计算所有接受的动物（$B+C$）中假阴性（B）的比例，即 $\dfrac{B}{B+C}$。更正规的表示方法是，用 1 只动物感染并检测为阴性的概率除以感染并检测为阴性与未感染而又检测为阴性的概率之和（贝叶斯定理，详见第 3 章）：

$$P(D^+|T^-) = \frac{P(D^+) \times (1-P(T^+|D^+))}{P(D^+) \times (1-P(T^+|D^+)) + (1-P(D^+)) \times P(T^-|D^-)}$$

（公式 37）

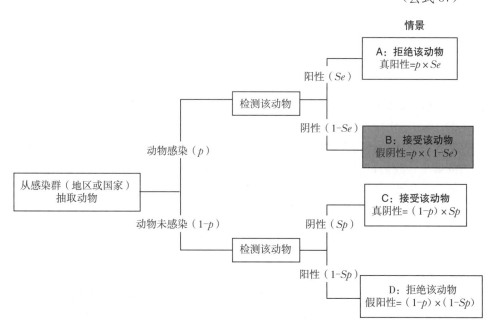

图 43 从总体中随机抽取 1 只动物检测感染与否的情景树

公式 37 又可以表示为：

$$P(D^+|T^-) = \frac{p(1-Se)}{p(1-Se)+(1-p)Sp} \qquad \text{(公式 38)}$$

扩展上面的公式，可以确定该批动物中至少有 1 只感染动物的概率为：

$$P(D^+ \geqslant 1|allT^-) = 1 - \left(\frac{Sp(1-p)}{p(1-Se)+(1-p)Sp}\right)^n$$

$$\text{(公式 39)}$$

公式 39 中假设所有检测动物的检测结果相互独立。如果假设不成立，那么卫生措施提供的保护可能被高估了。

另外，我们可以确定检测的阴性预测值（NPV），并通过计算互补概率可以获得该批动物中至少有 1 只感染动物的概率，$NPV(P(D^-|T^-))$ 计算如下：

$$NPV = P(D^-|T^-) = \frac{Sp(1-p)}{p(1-Se)+(1-p)Sp} \qquad \text{(公式 40)}$$

接受的群体中至少有 1 只感染动物的概率为：

$$P(D^+ \geqslant 1|allT^-) = 1 - \left(\frac{Sp(1-p)}{p(1-Se)+(1-p)Sp}\right)^n = 1-NPV^n$$

$$\text{(公式 41)}$$

注意公式 39 和公式 41 给出了相同的结果。

下面通过二项函数来推导另一个公式（详见第 4 章）。在有 0，1，2，3，…，x 只感染动物、样本容量为 n 的集合中，所有动物都被检测为阴性的概率，可以通过扩展公式 31 进行计算，即先计算感染动物（x）和未感染动物（$n-x$）都检测为阴性的概率，并将二项分布的各项（从 $x=0$ 到 $x=n$）相加即可得到这个概率：

$$P(allT^-) = \sum_{x=0}^{n}\binom{n}{x}p^x(1-p)^{n-x}(1-Se)^x Sp^{n-x} \qquad \text{(公式 42)}$$

公式 42 还可以表示为：

$$P(allT^-) = (p(1-Se)+(1-p)Sp)^n \qquad \text{(公式 43)}$$

假定所接受的所有动物都检测为阴性，为了计算某批动物中至少有 1 只感染动物的概率，我们首先需要计算所有动物都检测为阴性且其中至少有 1 只感染动物的概率。为此，需要将公式 42 中 $x=1$ 到 $x=n$ 的二项概率进行求和：

$$P(allT^- \cap D^+ \geqslant 1) = \sum_{x=1}^{n}\binom{n}{x}p^x(1-p)^{n-x}(1-Se)^x Sp^{n-x}$$

$$\text{(公式 44)}$$

公式 44 还可以表示为：

$$P(allT^- \cap D^+ \geqslant 1) = (p(1-Se)+(1-p)Sp)^n - ((1-p)Sp)^n$$

$$\text{(公式 45)}$$

公式 45 表示的是二项式各项的和（$x=0\sim n$）减去（$x=0$）项的结果。下一步我们需要确定这些动物在所有检测为阴性动物中所占的比例。这是贝叶斯定理的应用,计算这个比例需要用公式 45 除以公式 43:

$$P(D^+ \geq 1 | allT^-) = \frac{(p(1-Se)+(1-p)Sp)^n - ((1-p)Sp)^n}{(p(1-Se)+(1-p)Sp)^n}$$

（公式 46）

请注意公式 39、公式 41 和公式 46 得出的答案相同,它们只不过是计算这种概率的不同表达方式。

一从总体的子集中抽取动物,即考虑到畜群水平的影响。

在这种情况下,抽取动物分成两个阶段,首先抽取畜群,然后从抽到的畜群中选择检测为阴性的动物（图 44）。

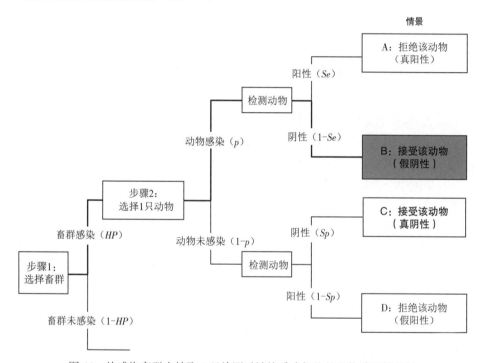

图 44　从感染畜群中抽取 1 只检测后被接受或拒绝的生物路径情景树

最简单的情况是假定群感染率、抽取的动物数及检测的敏感性和特异性对每个畜群来说都相同。如果抽取了 h 个畜群、每个畜群中包含 n 个检测为阴性的动物,那么该批动物中至少包括 1 只感染动物的概率（假设所有动物检测均为阴性）可通过公式 47、公式 48 和公式 49 中的任意一个计算:

$$P(D^+ \geq 1 | allT^-) = 1 - \left(1 - HP\left(1 - \left(1 - \frac{p(1-Se)}{p(1-Se)+(1-p)Sp}\right)^n\right)\right)^h$$

（公式 47）

$$P(D^+ \geq 1 | allT^-) = 1 - (1 - HP(1 - NPV^n))^h$$ （公式 48）

$$P(D^+ \geqslant 1 | allT^-) = 1 - \left(1 - HP\left(\frac{(p(1-Se)+(1-p)Sp)^n - ((1-p)Sp)^n}{(p(1-Se)+(1-p)Sp)^n}\right)\right)^h$$

（公式 49）

这些公式分别由公式 39、公式 41 和公式 46 推导而来。

如果不同畜群的抽取动物数 n、流行率 p、检测的敏感性 Se，以及特异性 Sp 不同，那么上面这些公式需要做相应的修正：

$$P(D^+ \geqslant 1 | allT^-) = 1 - \prod_{i=1}^{h}(1 - HP(1 - \left(1 - \frac{p_i(1-Se_i)}{p_i(1-Se_i)+(1-p_i)Sp_i}\right)^{n_i}))$$

（公式 50）

$$P(D^+ \geqslant 1 | allT^-) = 1 - \prod_{i=1}^{h}(1 - HP(1 - NPV_i^{n_i}))$$

（公式 51）

$$P(D^+ \geqslant 1 | allT^-) = 1 - \prod_{i=1}^{h}\left(1 - HP\left(\frac{(p_i(1-Se_i)+(1-p_i)Sp_i)^{n_i} - ((1-p_i)Sp_i)^{n_i}}{(p_i(1-Se_i)+(1-p_i)Sp_i)^{n_i}}\right)\right)$$

（公式 52）

b）拒绝检测为阳性的群体

—从感染率为 p、敏感性为 Se，以及特异性为 Sp 的总体中（如 1 个畜群、1 个区域或 1 个国家）随机抽取动物。

与拒绝单个检测为阳性的动物不同，如果某批动物中至少有 1 只动物检测为阳性，那么我们可以拒绝该批中的所有动物。如果我们简单地从同一总体中选择另一批动物，那么该批动物中至少有 1 只动物感染的概率与根据公式 39、公式 41 和公式 46 计算的结果相同。换句话说，这些情况下动物群抽取策略并不比仅拒绝单个检测为阳性的动物的策略有优势。当然，缺点就是将有相当多的动物被浪费。

—从总体的子集中选择动物，即考虑到群体水平的影响。

在这种情况下抽取动物群组分成两个阶段，先抽取畜群，然后从这个畜群中抽取一组动物。如果该组中至少有 1 只动物检测为阳性，就拒绝该组动物和整个畜群，然后再抽取其他畜群（图 45）。

为了说明在畜群中的疫病聚集性，我们需要对公式 43 和 45 进行相应修改：

$$P(groupT^-) = HP(p(1-Se)+(1-p)Sp)^n + (1-HP)Sp^n$$

（公式 53）

$$P(groupT^- \cap D^+ \geqslant 1) = HP((p(1-Se)+(1-p)Sp)^n + ((1-p)Sp)^n)$$

（公式 54）

其中：HP 为群水平流行率（感染畜群的比例）。

最简单的情况是假定群感染率、抽取的动物数量及检测的敏感性和特异性对每个畜群（herd）来说都相同。如果抽取了 h 个畜群，每个畜群中抽取的组（group）中有 n 只动物，那么整个畜群中至少包含 1 只感染动物的概率为：

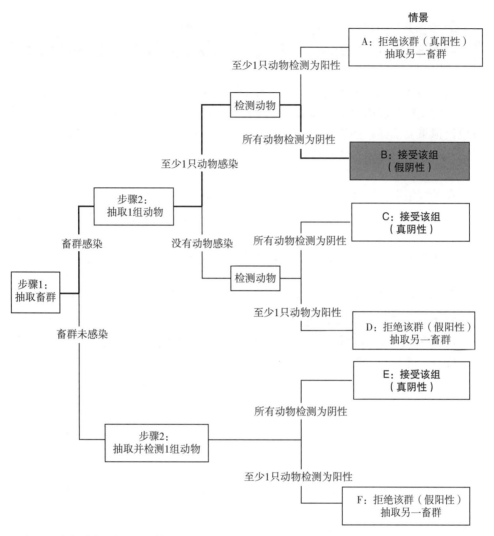

图45 从畜群中选择1组动物，检测后被拒绝或接受的生物路径情景树。如果抽样组中检出1只或多只感染动物就拒绝整个畜群，然后抽取其他畜群

$$P(D^+ \geqslant 1 | all\_groups\, T^-) = 1 - \left(1 - \frac{HP((p(1-Se)+(1-p)Sp)^n - ((1-p)Sp)^n)}{HP((p(1-Se)+(1-p)Sp)^n) + (1-HP)Sp^n}\right)^h$$

（公式 55）

如果不同畜群的抽取动物数 n、流行率 p、检测的敏感性 Se 或特异性 Sp 也不同，那么这些公式需要进行相应地修正：

$$P(D^+ \geqslant 1 | all\_groups\, T^-) = 1 - \prod_{i=1}^{h} \left(1 - \frac{HP((p_i(1-Se_i)+(1-p_i)Sp_i)^{n_i} - ((1-p_i)Sp_i)^{n_i})}{HP((p_i(1-Se_i)+(1-p_i)Sp_i)^{n_i}) + (1-HP)Sp_i^{n_i}}\right)$$

（公式 56）

5.3　超几何概率的计算

如前所述，二项过程的基本性质就是概率保持不变，这意味着随机抽取的单个动物的疫病状况相对于前面抽取的所有动物都是独立的。因此，二项过程可以有效模拟重复抽样。换句话说，群内剩余的感染动物的比例被认为是不变的；如果抽样动物数量远远小于畜群大小（通常小于 1/10），则二项过程是一个很好的近似值。

在某些情形下，如从小总体中抽样，假设概率不变是不合理的。例如，畜群由 100 个动物组成（$M=100$），其中有 5 只感染动物（$D=5$），$\dfrac{D}{M}$ 的初始值为 0.05。如果抽取的第 1 只动物是感染动物，那么感染动物的比例变成 $\dfrac{4}{99}\approx0.04$；如果抽取的是未感染动物，那么该比例变成 $\dfrac{5}{99}\approx0.051$。因此，抽取动物感染的概率随着前面抽取的动物是否感染而变化。也就是说 p 受前面试验结果的影响。

从包含 M 只动物且恰好有 D 个感染动物的畜群中抽取容量为 n 的样本，其中恰好有 x 个感染动物的超几何概率是：

$$P(X=x)=HYPGEOMDIST(x,n,D,M)=\frac{\binom{D}{x}\binom{M-D}{n-x}}{\binom{M}{n}}$$

（公式 57）

分子 $\binom{D}{x}\binom{M-D}{n-x}$ 计算了从含 M 只动物且有 D 个感染的畜群中抽取 n 个样本获得 x 个感染动物和 $n-x$ 个未感染动物的组合总数。分母 $\binom{M}{n}$ 计算了从大小为 M 的畜群中获得含有 n 个动物的样本的组合数。

在有 $0，1，2，3，\cdots，x$ 只感染动物、包含 n 个样本的集合中，所有动物都被检测为阴性的概率可以通过扩展公式 57 来计算，即计算感染动物（x）和未感染动物（$n-x$）都检测为阴性的概率，并将超几何分布的每一项（从 $x=0$ 到 $x=n$）相加得到：

$$P(allT^-\,|\,畜群中有\,D\,只感染动物)=\sum_{x=0}^{n}\frac{\binom{D}{x}\binom{M-D}{n-x}}{\binom{M}{n}}(1-Se)^x Sp^{n-x}$$

（公式 58）

假定所接受的所有动物都检测为阴性，为了计算某批动物中至少有 1 只感染动物的概率，我们首先需要计算所有动物都检测为阴性且其中至少有 1 只感染动物的概率。为此，需要将公式 58 中 $x=0$ 到 $x=n$ 的超几何概率进行求和：

$$P(all\,T^- \bigcap D^+ \geqslant 1) = \sum_{x=1}^{n} \frac{\binom{D}{x}\binom{M-D}{n-x}}{\binom{M}{n}}(1-Se)^x Sp^{n-x}$$

(公式 59)

其次需要确定这些动物在所有检测为阴性动物中所占的比例。这是贝叶斯定理的应用，计算这个比例需要用公式 59 除以公式 58：

$$P(D^+ \geqslant 1 | all\,T^-) = \frac{\displaystyle\sum_{x=1}^{n} \frac{\binom{D}{x}\binom{M-D}{n-x}}{\binom{M}{n}}(1-Se)^x Sp^{n-x}}{\displaystyle\sum_{x=0}^{n} \frac{\binom{D}{x}\binom{M-D}{n-x}}{\binom{M}{n}}(1-Se)^x Sp^{n-x}}$$

(公式 60)

与前面讨论的二项概率计算不同的是，由于每次抽样获取感染动物的概率会变化，所以这个公式不能简化。因此超几何分布应用起来就很麻烦、不实用。需要建立一个电子数据表来计算（表 15）或模拟（表 16）所需的概率。图 46 显示了检测为阴性结果的系列概率图，正如预期的那样，随着流行率和抽样动物数量的增加，错过感染畜群或获得检测为阴性动物组的概率越来越不可能。但是，接受的组群中至少有 1 只感染动物的概率增加了。

表 15 电子数据表模型，计算从包含 M 只动物且有 D 只感染的畜群中抽取容量为 n 的样本集检测为阴性且其中至少有 1 只感染动物的概率[①]

	A	B
1		输入的变量
		$M=$ 畜群规模
		$n=$ 样本大小（本例中设为 100）
		$D=$ 畜群中感染动物数
		$Se=$ 检测的敏感性
		$Sp=$ 检测的特异性

[①] "IF" 语句、IF $(x>D,)$，$HYPGEOMDIST$ $(x，n，D，M)$ $(1-Se)^x Sp^{(n-x)}$ 需要选中单元格 B3：B103 以确保 x 不大于 D，否则将返回一个错误。

（续）

	A	B
2	样本中感染动物数 x	$P(D \geqslant 1 \cap all\,T^-)$
3	0	$HYPGEOMDIST(A3, n, D, M) \times (1-Se)^{\wedge}A3 \times Sp^{\wedge}(n-A3)$
4	1	$HYPGEOMDIST(A4, n, D, M) \times (1-Se)^{\wedge}A4 \times Sp^{\wedge}(n-A4)$
5	2	$HYPGEOMDIST(A5, n, D, M) \times (1-Se)^{\wedge}A5 \times Sp^{\wedge}(n-A5)$
⋮	⋮	⋮
103	100	$HYPGEOMDIST(A103, n, D, M) \times (1-Se)^{\wedge}A103 \times Sp^{\wedge}(n-A103)$
104	检测为阴性的组群中至少有 1 只感染动物的概率	$SUM(B4:B103)/SUM(B3:B103)$（注：这个公式计算了 x 从 1～n 的总和）

表 16　电子数据表模型，模拟从包含 M 只动物且有 D 只感染的畜群中抽取容量为 n 的样本集检测为阴性且其中至少有 1 只感染动物的概率

	A	B
1		**输入的变量** M＝畜群规模 n＝样本大小 D＝畜群中感染动物数 Se＝检测的敏感性 Sp＝检测的特异性
2	样本中感染动物数	$Hypergeo(n, D, M)$
3	样本中未感染动物数	$n-B2$
4	检测为阳性的动物数	$IF(B2=0, 0, Binomial(B2, Se)) + IF(B3=0, 0, Binomial(B3, 1-Sp))$
5	检测为阴性的组群中至少有 1 只感染动物的概率	$IF(B4>0, NA(), IF(B2>0, 1, 0))$

注：单元格 B5 输出的所有迭代运算结果的均值就是估计的概率。

　　图 46 比较了 4 种不同样本量的超几何方法和二项方法计算获得阴性检测结果的概率和检测为阴性的组群中至少有 1 只感染动物的概率。对于畜群规模至少是样本大小 10 倍的小样本集来说，通过超几何分布和二项分布分别计算的结果具有很好的一致性。当比率 M：n 变小时，二项分布计算的准确性会降低。然而，考虑到风险评估模型中总是存在的不精确程度，那么二者的差异可能不会太大。由于二项概率计算简便，即便使用超几何概率很合理，也要避免使用。

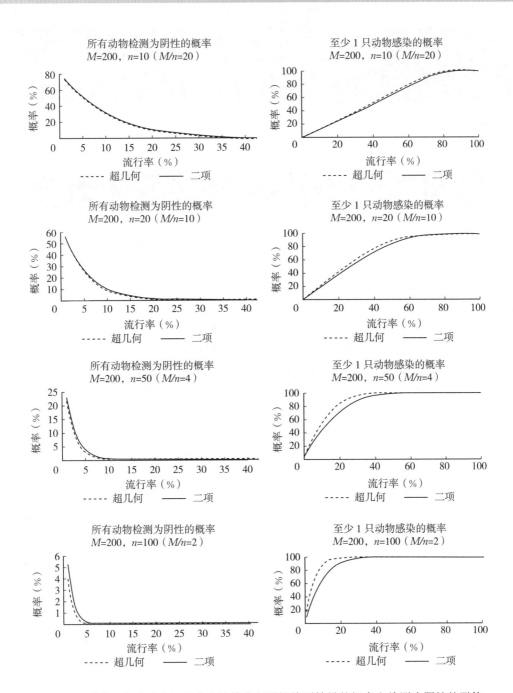

图 46　比较超几何方法和二项方法计算获得阴性检测结果的概率和检测为阴性的群体中至少有 1 只感染动物的概率

比较了 4 种不同样本量（n）。畜群大小（M）＝200，试验敏感性（Se）为 90%，试验特异性（Sp）为 98%。

6 确定表示变量的分布[①]

6.1 信息源

从本质上讲，在风险评估模型中，有两种信息来源可用于构建表示变量的分布：

- 经验数据；
- 专家意见。

根据这两种信息源来确定分布的方法有 3 种：

- 运用参数或非参数法将经验数据拟合形成分布；
- 单纯利用专家意见的主观方法；
- 运用贝叶斯定理将经验数据和专家意见相结合的方法。

在决定使用哪种方法之前，考虑可用信息的数量和相关性是非常重要的：

- 如果有大量代表性数据，参数或非参数法都可用来构建模拟变异性的概率分布。该型分布称为一阶分布（详见第 7 章）；
- 如果代表性数据不足，运用描述概率分布参数不确定性的参数或非参数法可以产生二阶分布（详见第 7 章）；
- 如果根本没有数据或者数据极少且缺乏代表性，那么利用专家意见的主观方法是恰当的；
- 如果有大量的非代表性数据，例如有其他物种的试验结果，那么就需要将几种方法混合使用，最后咨询专家意见来修正概率分布。

即使数据能够满足有关独立性和随机抽样的严格假设条件，样本数据中也可能存在随机波动（非系统误差），因而选择最能够代表数据的"真实"分布也很困难。解释数据不可避免地需要主观输入，比如，假设数据表示某个概率分布中的随机样本。

---

① 本章主要参考 Vose D. 主编的《定量风险分析指南》，John Wiley & Sons，Chichester，2000。

6.2 有大量代表性数据时分布的确定

有大量代表性数据时，既可运用参数法将经验数据拟合于理论分布后形成参数来确定模拟可变性的概率分布，也可运用非参数法直接根据数据确定模拟可变性的概率分布。

6.2.1 参数法

参数法是将经验数据拟合于理论概率分布，如正态分布或泊松分布，这些分布在风险评估模型中用于描述数据。使用类似"BestFit"[①] 的软件包，可以使分布拟合变得更容易。由于它假设从"最优拟合分布"数据中获得的参数是总体参数，那么选择用来模拟数据的概率分布就是一阶分布，这种分布用来模拟变异性（详见第7章）。但是，如果在使用这些软件包的过程中不够仔细，就可能选择不恰当的概率分布。概率分布不能武断地从那些最优"拟合"数据的概率分布中选出，而是要仔细地考虑产生这些数据的环境，以便所选择的概率分布既要合理，又要很好地拟合数据。一些现成的方法，如拟合优度统计量和概率图等可以帮助选择恰当的分布。

6.2.1.1 拟合优度统计量

拟合优度是指拟合分布与观测数据的匹配程度。拟合优度统计量有很多种，下面介绍最常用的几种。所研究的拟合分布参数通常由最大似然估计值（maximum likelihood estimators，MLEs）确定。假定分布类型是正确的，MLEs是产生观测数据中最大概率数据的参数值。对于合适的分布函数，通过计算和比较拟合优度统计量来确定最优拟合分布。

a）卡方检验

卡方检验运用非常灵活，可以用来检验任何分布假设。但卡方检验最大的局限是需要将数据进行分组，从而造成原始数据所包含的一些信息丢失。一般来说，运用卡方检验至少要有25个数据点。

b）柯尔莫哥罗夫-斯米诺夫检验

柯尔莫哥罗夫-斯米诺夫检验用于比较阶梯式经验累积密度函数（cumulative density function，CDF）与假设分布的累积密度函数。这种检验虽然可以用来识别两种概率分布间的最大差异，但并不考虑概率分布如何拟合其他数据。因此，除非出现单一差异很大的情况，这种检验可能把一般用来拟合假设分布的经验分布，显示为较差的拟合。另外，这种检验可能把对全部数据拟合不

---

① 纽约，Newfield，Palisade 公司。

好、但没有单一大差异值的分布，显示为很好的拟合。

　　c）安得森-达林检验

安得森-达林检验是柯尔莫哥罗夫-斯米诺夫检验的复杂版本，评估整个分布范围内经验分布与理论累积分布之间的差异。因此，与柯尔莫哥罗夫-斯米诺夫检验相比，该检验受单一大差异值的影响更小，通常适用性也更强。

6.2.1.2　概率图

概率图是一种使用起来相对简单、直观的主观方法。如果想获得某种分布特定部分（如上尾部）好的拟合并保持该分布其他部分的合理拟合度，那么使用概率图法是比较有利的。概率图用来将符合特定理论分布的观察数据转化为图形。如果具有好的拟合度，即便难免有一些偏差，所得图形也是一条直线。拒绝意向分布的偏差程度是纯粹主观性的。

6.2.2　非参数法

非参数法用于将数据拟合于某个经验分布。非参数法具有直观、简单等许多优点，不需要先假设这个分布的特定形式或形状，并且可以避免不恰当或令人费解的理论（参数）分布。经验分布既可以用于描述连续数据，也可以用于描述离散数据。

6.2.2.1　连续数据

倘若数据连续且涵盖了合理的范围，那么可以用累积分布或直方图分布函数（详见第 4 章）将这些数据转变为一个经验（非参数）分布。

$$Cumul(minimum, maximum, \{x_i\}, \{p_i\})$$

$$Histogrm(minimum, maximum, \{p_i\})$$

6.2.2.2　离散数据

通过使用离散分布或一般分布中的数据点本身，可以为小数据集定义离散分布。对于大数据集来说，将数据排列成直方图形式或运用直方图函数和累积函数可能更方便。下列分布已经在第 4 章中讨论过：

$$Cumul(minimum, maximum, \{x_i\}, \{p_i\})$$

$$Discrete(\{x_i\}, \{p_i\})$$

$$Duniform(\{x_i\})$$

$$General(minimum, maximum, \{x_i\}, \{p_i\})$$

$$Histogrm(minimum, maximum, \{p_i\})$$

6.3　代表性数据极少时分布的确定

代表性数据极少时，用于确定分布的参数是不可靠的。由于数据具有代表性，因此不确定性是由于随机抽样误差引起的，这种误差可通过抽样分布进行量化估计。均值和标准差用于确定分布参数的置信区间，它们可通过适当的抽样分布予以估计。本部分将讨论两种获取非确定参数分布的方法：古典统计方法和自举仿真。第三种方法——贝叶斯推断法也将在本章讨论。

6.3.1 古典统计方法

古典统计方法通常假定数据服从二项分布或正态分布。例如，如果我们假设潜在分布（即总体分布）为正态分布，那么均值的抽样分布为学生 t 分布，标准差的抽样分布为卡方分布。总体均值 μ 的不确定性可由下列公式模拟：

$$\mu = Student\,(n-1)\left(\frac{s}{\sqrt{n}}\right) + \overline{x}$$

其中，$Student\,(n-1)$ 是自由度为 $n-1$ 的学生 t 分布，n 为样本容量，$\overline{x}$ 和 s 分别代表样本均值和样本标准差。

随着样本数量增加，学生 t 分布越接近正态分布。例如，当样本数超过 30 时，正态分布函数可以用来估计总体均值估计值的不确定性：

$$\mu = Normal\left(\overline{x}, \frac{s}{\sqrt{n}}\right)$$

总体标准差估计值的不确定性由以下公式模拟：

$$\sigma = \sqrt{\frac{(n-1)\times s^{2}}{Chisq\,(n-1)}}$$

其中，$Chisq\,(n-1)$ 是自由度为 $n-1$ 的卡方分布。

通过这些抽样分布可以使我们掌握与总体均值 μ 和标准差 σ 估计值相关的不确定性。它们可以作为正态分布函数的输入值，这个分布能够确定二阶正态分布，使我们能够分别编码和传播变异性和不确定性（详见第 7 章）：

$$\underline{\underline{X}} = Normal\,(\underline{\mu}, \underline{\sigma})$$

其中，单下划线表示具有常量参数的一阶随机变量，双下划线表示具有不确定性参数的二阶随机变量。

假设我们想估计一群绵羊的平均体重，但是我们仅有 10 只随机抽取的绵羊体重的信息。由于绵羊是随机抽取的，虽然数据不足，但可以认为这些数据具有代表性。另外，根据过去的观察，可以合理地假设绵羊体重服从正态分布。表 17 是该羊群中所有绵羊体重均值和标准差的抽样分布电子数据表，而图 47 分别描述了两者的抽样分布。这些分布是通过对表 17 的单元格 B14 和 B15 迭代 4 000 次后模拟得出来的。现在我们来确定绵羊体重的二阶分布（图 48a）。先从每个抽样分布中随机抽取一个值，然后将这个值分别输入正态分布函数后做图，经过多次重复就可以建立起体重的可能分布图。这样建立的每个分布图代表 1 个一阶分布，将所有的分布图汇总后形成 1 个二阶分布（详见第 7 章）。

表 17　在随机挑选 10 只绵羊的体重基础上确定总体均值和标准差的抽样分布的电子数据表

	A	B
1		体重（kg）
2		50
3		54
4		46
5		47
6		44
7		52
8		47
9		56
10		41
11		48
12	样本平均数 $\bar{x}$	AVERAGE（B2:B11）
13	样本标准差 s	STDEV（B2:B11）
14	总体平均数 μ 的抽样分布	Student（9×（B13/SQRT（10））+B12
15	总体标准差 σ 的抽样分布	SQRT（9×（B13^2）/Chisq（9））

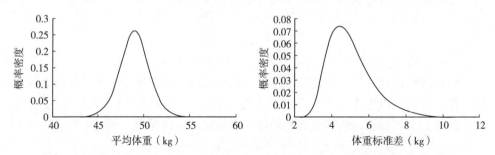

图 47　在随机抽取 10 个样本的基础上建立的羊群中绵羊体重均值和标准差的假设抽样分布

　　由小样本得出的均值和标准差的不确定性对分布的总体影响有多大呢？分别模拟变异性和不确定性是否重要，或者忽略不确定性的影响并将两者共同模拟是否合理呢？解释不确定性是一项复杂而耗时的工作，所以需要一种相对直接的方法确定是否值得进行解释。先建立 1 个模型并将其作为一阶模型运行是一种好的方法，其中均值和标准差的抽样分布设为期望值：

$$X = Normal(48.5, 4.58)$$

　　然后将其作为"混合"模型运行，将变异部分和不确定部分同时模拟：

$$X = Normal(\mu, \sigma)$$

其中：$\mu = Normal\left(\bar{x}, \dfrac{s}{\sqrt{n}}\right)$，$\sigma = \sqrt{\dfrac{(n-1) \times s^2}{CHISQ(n-1)}}$。

　　然后对结果进行比较（图 48b），可以看出不确定性的影响似乎无关紧要，因为这些分布之间的差异很小。均值是相同的，正如分布的尾部所反映的那样，虽然"混合"模型中的方差有一些膨胀，但差异的幅度很小。在这种特例中，用随机抽取的 10 只绵羊来模拟羊群中的绵羊体重，不确定性的影响可忽略。如果选择使用"混合"分布就需要截去过高和过低的值，以避免出现不现实的低值或高值。例如，可以用 *Tnormal*（μ，σ，35，70），其中 35 和 70 代表羊群中所期望的最小体重和最大体重。

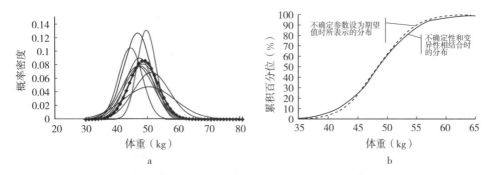

图 48　模拟绵羊体重的二阶分布和不确定性对分布的影响

a. 一系列可能的绵羊体重概率密度曲线，其中期望值曲线是钻石标记的粗线条；
b. 随机抽样误差的不确定性影响的累积概率图

6.3.2　自举仿真

　　自举仿真可用于产生描述不确定性参数（如均值或标准差）的分布。通常的方法是首先定义含有 n 个样本的数据抽样分布，然后从数据集中重复抽取 n 个随机样本并计算有关参数。多次重复这一过程，每次迭代的结果组合起来产生该参数的抽样分布。可以根据具体情况来确定使用非参数法或参数法。

6.3.2.1　非参数自举仿真

　　非参数自举仿真是一种功能强大的、不需要任何抽样分布形状先验假设的方法。有两种这样的仿真方法可用，一种是利用真实数据集本身并对其重复抽样，另一种是用以经验为基础的累积分布拟合数据并从经验分布中抽样。

　　用前面章节介绍的绵羊体重的例子，我们可以建立电子数据表模型进行非参数自举仿真，以确定有关不确定性参数的抽样分布。非参数自举仿真，既可以直接应用离散型均匀函数获得的数据，其中每个数据点的出现概率相等（表 18），也可以通过建立累积分布来定义数据抽样分布（表 19）。重复相应的函数 n 次，n 等于原数据集中的样本数，这样就可以从抽样分布中获得 n 个随机样本。这种有效的重复抽样，并构成自举重复，通过这些重复则可计算均值和标准差。运行仿真，将每次迭代的结果结合起来，得出针对每个不确定性参数的抽样分布。

图 49 比较了在单元格 C12（表 18）和 D12（表 19）上仿真两种模型后所得的均值抽样分布结果。

表 18 运用离散型均匀函数定义数据抽样分布的非参数自举仿真模型，然后用其定义不确定性参数——总体均值（μ）和标准差（σ）的抽样分布

	A	B
1	体重（kg）	非参数函数
2	50	*Duniform*（A2:A11）
3	54	*Duniform*（A2:A11）
4	46	*Duniform*（A2:A11）
5	47	*Duniform*（A2:A11）
6	44	*Duniform*（A2:A11）
7	52	*Duniform*（A2:A11）
8	47	*Duniform*（A2:A11）
9	56	*Duniform*（A2:A11）
10	41	*Duniform*（A2:A11）
11	48	*Duniform*（A2:A11）
12	重复均值：*AVERAGE*（B2:B11）	
13	重复标准差：*STDEV*（B2:B11）	

表 19 运用非参数自举仿真模型把经验累积分布（CDF）拟合于数据，然后从 CDF 中抽样得出不确定参数的抽样分布

（累积百分位数由公式 $\dfrac{i}{n+1}$ 计算，其中 $i=1，2，\cdots，n$，n 为样本容量）

	A	B	C
1	累积百分位数（%）	体重（kg）	非参数函数
2	9	41	*Cumul*（41，56，B2:B11，A2:A11）
3	18	44	*Cumul*（41，56，B2:B11，A2:A11）
4	27	46	*Cumul*（41，56，B2:B11，A2:A11）
5	36	47	*Cumul*（41，56，B2:B11，A2:A11）
6	45	47	*Cumul*（41，56，B2:B11，A2:A11）
7	55	48	*Cumul*（41，56，B2:B11，A2:A11）
8	64	50	*Cumul*（41，56，B2:B11，A2:A11）
9	73	52	*Cumul*（41，56，B2:B11，A2:A11）
10	82	54	*Cumul*（41，56，B2:B11，A2:A11）
11	91	56	*Cumul*（41，56，B2:B11，A2:A11）
12	重复均值：*AVERAGE*（C2:C11）		
13	重复标准差：*STDEV*（C2:C11）		

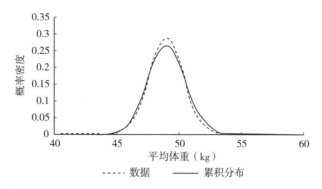

图 49　两种非参数自举仿真模型的结果比较，其中不确定参数抽样分布的均值 μ
　　　既可以通过离散型均匀函数直接从数据中得到，也可以从数据的累积分布中得到

6.3.2.2　参数自举仿真

在某些情况下，可以假设数据依据的潜在的概率分布属于某个分布类，如属于正态分布、泊松分布、指数分布或二项分布等。因此，我们可以使用相关分布来定义抽样分布、描述这些数据。表 20 描述了前面章节绵羊体重例子的参数自举仿真模型。如前所述，我们假设绵羊体重服从正态分布，那么就可以用正态分布函数来确定抽样分布。首先，需要计算数据的均值和标准差，并将结果代入正态分布函数 $Normal(\bar{x},\ s)$。迭代 n 次可得到 n 个随机样本，其中 n 等于原始数据集的样本数。这是一种有效的重复抽样方法，据此可建立用于计算均值和标准差的自举重复。通过运行仿真将每一次重复的结果结合起来，可得出针对每个不确定性参数的抽样分布。图 50 比较了在单元格 C12（表 20）上运行参数自举仿真获得的均值抽样分布结果与古典统计方法（表 17，图 47）获得的结果。结果表明，由自举仿真得出的分布比古典统计方法得到的分布窄，并且对不确定性估计偏低。有许多方法可以纠正这种"偏差"，如偏差校正法和加速法。有关这些方法的讨论超出了本书范围，读者可以参考有关书籍，如 Vose（2000）[1] 或 Cullen and Frey（1999）[2]。

表 20　参数自举仿真模型，用正态分布函数定义数据的抽样分布，并用这些数据
　　　描述不确定参数——总体均值（μ）和标准差（σ）的抽样分布

	A	B	C
1		重量（kg）	参数函数
2		50	$Normal$（＄B＄12，＄B＄13）

[1]　Vose，David. Risk Analysis：A Quantitative Guide. John Wiley & Sons，Chichester. 2000。

[2]　Cullen AC，Frey HC. Probabilistic Techniques in exposure Assessment. A Handbook for dealing with Uncertainty in Models and Inputs. Plenum Press，NewYork. 1999.

（续）

	A	B	C
3		54	*Normal*（B12，B13）
4		46	*Normal*（B12，B13）
5		47	*Normal*（B12，B13）
6		44	*Normal*（B12，B13）
7		52	*Normal*（B12，B13）
8		47	*Normal*（B12，B13）
9		56	*Normal*（B12，B13）
10		41	*Normal*（B12，B13）
11		48	*Normal*（B12，B13）
12	重复均值	*AVERAGE*（B2：B11）	*AVERAGE*（C2：C11）
13	重复标准差	*STDEV*（B2：B11）	*STDEV*（C2：C11）

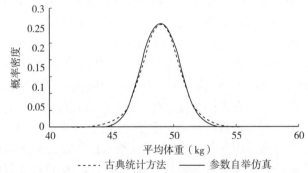

图 50　参数自举仿真与古典统计方法结果比较，其中不确定性参数的抽样
　　　　分布来自正态分布函数。隐含的假设数据来自正态分布

6.4　在没有可用数据、有少量数据或没有代表性数据时运用专家意见确定分布

在没有数据、有少量数据或没有代表性数据的情况下，适合运用专家意见这种主观方法。使用专家意见时需要仔细考虑的重要问题有：偏差的可能来源、处理专家分歧、提炼专家观点，以及选择恰当的分布。

6.4.1　偏差

估计分布参数或选择恰当概率分布时，许多人为行为会导致判断的偏差。例如，人们倾向于：重视容易想到的信息；受到自己熟悉的非代表性小数据集的强烈影响；过于自信并且估计不确定性过窄；面对新信息时不改变旧观念；对某一特殊趋势表示信任以试图影响决策和结果；从有益于自己的成绩或地位的角度出发去发表意见；有意降低不确定性以显示自己的知识水平；仅为了和以前的观点保持一致而坚持过时了的观点（Cullen and Frey，1999）。

6.4.2 专家意见不一致

如果专家意见不一致，通常最好分别研究不同专家意见的内在含义，以确定是否有可能得出本质上不同的结论。如果结论没有受到显著影响，那我们可以得出结论，尽管专家之间存在分歧，但结果是可靠的。在某些情况下，专家可能不会对知识体系产生分歧；相反，他们可能会从相同的知识体系中得出不同的推论。在这种情况下，我们需要判断哪个专家对所探讨的问题更权威（Cullen and Frey，1999）。

6.4.3 提炼专家观点

心理学研究表明，准确的主观概率判断不能简单地通过要求个人提供概率来得出。不管被询问的个人在评估方面是否有经验、是否熟悉概率理论，以及是否是该领域的新手，形成主观估计的推理式或启发式方法总是会产生偏差，这种偏差甚至是很大的（Merkhofer，1987）。偏差还可能由用于提炼观点的方法论及其建模方法产生。

为了最大限度减少偏差在提炼专家观点方面的影响，由英国兽医实验署和联合国粮食及农业组织共同研发了一种研讨会法（专栏 1）[①]。该方法以改进的德尔菲法为基础，整个过程以 2～3d 为宜。把专家们集中在一间房间里，独立、匿名地完成调查问卷，不允许相互讨论。匿名答卷减少了集体讨论时带来的偏差。

接下来对答卷进行分析并陈述结果，然后进行讨论。

再进行一次问卷调查，这次调查最好是第二天在同一个环境中进行。这样专家们有充分的时间考虑讨论中提出的观点。如果条件允许，要给他们机会修改第一次问卷。

为便于管理，研讨会的专家最好不要超过 20 人。专家的选择至关重要，每位候选专家都应根据其对特定主题的了解，通过协商程序公正地选择。如果受到类似政治或商业等原因影响，而有目的地选择专家，可能会导致偏差的产生。此外，专家组成员应来自与调查问题相关的多种学科，如兽医、科学家和政策制定者。另外，有非核心的辅助专家参与也是有益的。辅助专家可能会提出一些极端估计值，这些估计值可以用来讨论并提供过于自信、过高或过低估计的证据。这些极值的讨论可以在第二次问卷调查中减少偏差，得到更精确的估计。虽然将辅助专家的估计归入最后的分析中可能是不适宜的，然而这种决策必须在研讨会之前做出。

---

① Lisa Gallagher，Veterinary Laboratories Agency，Weybridge，United Kingdom，2001.

专栏 1：研讨会法[①]

引言

—解释工作背景和研讨会目的。

—简要介绍风险分析、专家意见的运用和概率论方法。

—解释要咨询的问题、问题中和假设模型中所用的定义。

培训专家

—解释精确估计的重要性，强调这种咨询是知识启发而不是知识测验。

—用易于理解的形式提供与问题相关的所有数据。

问卷 1

—在研讨会前对不同人员分组进行试点问卷调查，以确保每个问题都很清楚，并估计答题所需时间。

—允许问卷在独立、匿名情况下完成。

—确保问卷清晰、易于理解，不能太长。用分解法把问题分为几部分。

—要求专家在估计最大值和最小值后，给出每个问题最可能的值。为了减少锚定偏差，要按这个顺序进行估计。

—要求专家提供百分率估计值而不是概率。百分率在概念上比较容易估计。

—提供如计算机软件、图纸或饼图等辅助工具，帮助专家将百分率可视化。

—给予足够时间完成问卷。

分析 1

—用最小值、最可能值和最大值生成 Beta-PERT 分布，描述专家对每个问题的不确定性。

—用离散分布或给每位专家赋予恰当的权重，把每位专家关于特定问题的分布结合起来。

讨论

—使用协调人，确保所有专家平等地参与讨论，从而使专家自由交流信息。

—依次讨论每个问题的联合分布。

问卷 2

—将问卷再次分发给各位专家，允许其修改以前的答案。

---

① Lisa Gallagher，Veterinary Laboratories Agency，Weybridge，United Kingdom，2001.

分析 2

—按照前面介绍的步骤对问卷 2 的回答情况进行分析。

—辅助专家的回答可能不纳入分析，这取决于其专业水平。这一决定必须在研讨会开始前确定。

结果 2

—研讨会后尽快向专家们提供初步结果，并发送验证问卷，以确保结果可重现。

—尽快向专家提供最终结果。

—对于结果和过程本身的有用性，邀请专家提供反馈意见。

6.4.4　选择恰当分布模拟专家意见

恰当分布的选择，取决于问题的性质、可用信息的类型，以及参数是否直观。表 21 提供了一些可用于模拟专家意见的有用分布和相应参数的例子。这些分布在第 4 章中已详细讨论过。

表 21　可用于模拟专家意见的一些有用分布

分布	参数
累积分布	最小值，最大值，$\{x_i\}$，$\{p_i\}$
离散分布	$\{x_i\}$，$\{p_i\}$
一般分布	最小值，最大值，$\{x_i\}$，$\{p_i\}$
PERT 分布	最小值，最可能值，最大值
三角分布	最小值，最可能值，最大值
均匀分布	最小值，最大值

应该注意的是，累积图的微小变化可导致与其相应的相对频率图发生严重扭曲（图 51）。因此，在对专家意见进行建模时，应谨慎使用累积分布，并应通过检查其相应的概率密度图来调查为反映专家意见而直接对其进行任何变动的影响。

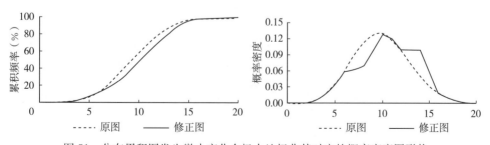

图 51　分布累积图发生微小变化会极大地扭曲其对应的概率密度图形状

6.5　结合经验数据和专家意见确定分布

6.5.1　贝叶斯推断

贝叶斯推断是非常有效且功能强大的方法，借助该方法可将新获得的经验数据与现有信息相结合，以改善用于描述分布特征的参数的估计，无论这些现有信息本身是基于已经存在的经验数据还是基于专家意见。

虽然贝叶斯法有时被批评是主观的，但经典方法在选择使用特定分布、置信区间和 P 值，以及在接受该统计模型的内在假设等方面也不可避免地存在主观性。例如，P 值提供了一种接受或者拒绝特定假设证据的间接量度，并且不应被解释为最终概率。P 值依赖于与高概率相矛盾的证据，并说明正在研究的假设是否足够不可能发生。由于包含比观测数据更极端的非观测数据的概率，P 值可能极具欺骗性。另外，贝叶斯法还提供直接证据显示数据如何修改原始概率估计。

贝叶斯推断是贝叶斯定理（详见第 3 章）的自然延伸，提供了一种从经验中学习的强大而灵活的方法。当有新信息可用时，它使我们现有知识能够轻松且合理地得到更新。贝叶斯推断明确承认主观性并且用数学方法描述学习过程。这个推断首先从一个模糊观点开始，随着新信息可用，对其进行修改。贝叶斯推断包括 3 个步骤：

a) 在进行观测之前，用概率分布的形式确定参数的先验估计，描述我们的认知状况（或无知）。先验分布不必依赖数据，可以是纯主观性的。

b) 为观测数据找一个恰当的似然函数。这个似然函数计算参数先验估计值的观测数据概率。似然函数的形状体现了数据中包含的信息量。如果信息量有限，似然函数呈现宽分布；反之，在信息量很大时，似然函数将紧紧集中于某个特定参数值的周围。

c) 通过先验估计与似然函数相乘来计算后验（即修正的）估计值，然后将结果归一化，以使曲线下面的区域面积为 1。

后验分布描述的是在获得额外信息后对参数的认知状况，如果后验分布与先验分布相似，那么所获得的信息将会强化先验观点或认知状况。反之，如果与先验分布区别很大，则表明获得了重要的新信息。事实上，在很多情况下，随着新信息的增多，先验分布的影响会逐渐减弱。

贝叶斯推断有助于阐明不同先验假设对可用信息的影响，以及有助于确定收敛于相同后验分布所必需信息的数量和质量。贝叶斯推断是模拟专家意见的透明方法，这一点在先验分布中已经清楚地说明。

6.5.2 先验分布

如前所述，先验分布表达的是获取新信息之前的认知状态。根据实际情况的不同有如下几种选择。

6.5.2.1 无信息先验

无信息先验除了建立概率的可能范围以外，不能为贝叶斯推断提供任何额外信息。例如，在某些情况下，我们可能没有关于畜群中某种疫病流行率的任何信息。假设某种疫病流行率的可能范围是 0 到 30%，且这个范围内任何值出现的可能性都是相等的。这就构成了均匀先验分布 $Uniform(0，0.3)$，这种先验分布除了建立概率范围外，对贝叶斯推断的计算没有任何影响（图 52）。

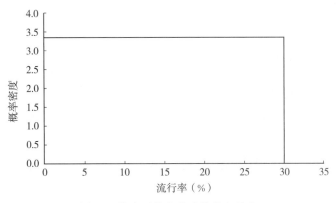

图 52 代表无信息先验的均匀分布

有时可以通过不同方式表示（重新参数化）估计的参数。例如，我们可能想要估计每年疫病暴发的平均次数（λ）。如果假定疫病每次暴发是相对独立的，那么全年某种疫病暴发的概率是一个恒定且连续的概率，那么该病的暴发服从泊松过程。每年暴发的次数可以表示为 $\dfrac{1}{\beta}$，其中 β 代表事件发生的平均间隔。我们可以认为将无信息先验以均匀分布 $Uniform(0，x)$ 形式分配给 λ 是合理的。但是，我们原本可以很容易以 β 的形式将问题参数化。如图 53 显示的那样，由于 $\beta=\dfrac{1}{\lambda}$，先验分布 $\dfrac{1}{Uniform(0，x)}$ 对于 β 不是无信息的。在这些情况下，减小重新参数化影响的有效方法之一就是建立将关于 λ 的先验分布替换为 $\dfrac{1}{\lambda}$ 的先验分布，将关于 β 的先验分布替换为 $\dfrac{1}{\beta}$ 的先验分布，即将 β 作为 λ 的先验，反之亦然。因此先验分布是一种不变量的转换。虽然这种分布仍然不能看作是无信息的（图 54），但是无论从 β 还是从 λ 的观点进行分析，它都是这种情况下能够获得的最好分布，也都可以得到同样的答案。

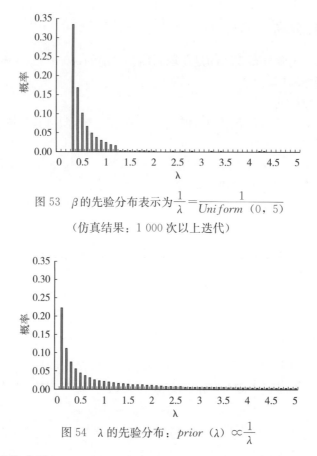

图 53　β 的先验分布表示为 $\dfrac{1}{\lambda}=\dfrac{1}{Uniform\ (0,\ 5)}$

（仿真结果：1 000 次以上迭代）

图 54　λ 的先验分布：$prior\ (\lambda)\propto\dfrac{1}{\lambda}$

6.5.2.2　有信息先验

　　信息先验既可以建立在真实数据基础上，也可以是纯主观的。

　　共轭先验与似然函数具有同样的函数形式，并且使得后验分布与先验分布属于相同的分布类型。由于不建立如表 24 的模型也可以直接确定后验分布，所以共轭先验常被称为便利先验分布。表 22 列举了两个有用的共轭先验及其相关的似然函数和后验分布。

表 22　共轭先验及其相关的似然函数和后验分布

估计参数	共轭先验	似然函数	后验
概率 p	ⅰ）无信息先验：$Beta\ (1,\ 1)$ 注：这个分布等于 $Uniform$ $(0,\ 1)$	二项分布	ⅰ）$Beta\ (x+1,\ n-x+1)$
	ⅱ）有信息先验：$Beta\ (\alpha_1,\ \alpha_2)$		ⅱ）$Beta\ (\alpha_1+x,\ \alpha_2+n-x)$ 　　其中：x 为成功数，如检测阳性动物数；n 为试验数，如检测动物数

（续）

估计参数	共轭先验	似然函数	后验
每个单位间隔 λ 内发生事件的平均数	ⅰ）无信息先验：$prior(\lambda) \propto \dfrac{1}{\lambda}$	泊松分布	ⅰ）$Gamma\left(x, \dfrac{1}{t}\right)$
	ⅱ）有信息先验：$Gamma(a, b)$ 其中：a 为事件数，如疫病暴发次数；b 为事件发生的平均间隔，如暴发间隔年数		ⅱ）$Gamma\left(a+x, \dfrac{b}{1+b \times t}\right)$ 其中：x 为间隔 t 内观察事件数（如暴发次数）；t 为单位间隔（时间、升、千克等）

6.5.3 似然函数

似然函数用于计算观测数据对于参数先验估计值的概率。似然函数的曲线形状体现了数据中所包含的信息量。假设从畜群中抽取 n 只动物，经检测发现有 x 只呈阳性。如果感染流行率的先验估计值为 p，为确定有 x 只呈阳性的可能性，可以使用在 Excel 中的二项分布函数：

$$P(X=x) = BINOMDIST(x, n, p \times Se + (1-p) \times (1-Sp), 0)$$

其中：p 为流行率；

n 为检测动物数；

Se 为检验的敏感性；

Sp 为检验的特异性。

根据具体的情况，许多其他有用的概率分布函数可以作为似然函数，其中包括泊松分布、超几何分布和负二项分布等。

6.5.4 后验分布

后验分布是对参数的修正估计，只需将先验分布和似然函数相乘即可获得。由于由似然函数计算的各个概率是彼此相互独立的，后验分布的概率结果必须经过归一化。这样可保证连续分布曲线下面积等于 1，或离散分布的概率总和为 1。@RISK 提供了两种函数可以自动进行归一化。$Discrete(\{x\}, \{p\})$ 函数用于离散分布，$General(min, max, \{x\}, \{p\})$ 函数用于连续分布。

6.5.5 贝叶斯推断计算实例：建立不确定参数 p（鸡群感染流行率）的分布

6.5.5.1 无信息先验

最简单的情况是对鸡群疫病状况一无所知，即对鸡群疫病状况的先验判断是无信息的。假设鸡群中有几千只鸡，用敏感性为 80%、特异性为 98% 的检测方法对其中部分鸡进行检测。如果检测了其中的 30 只鸡都为阴性，那么应该怎样描述该鸡群的疫病状况呢？表 23 说明了用以推导不确定参数感染流行率 p 后验分布的电子数据表模型，结果分布见图 55。在这个例子中，后验分布等同于似然函数，因为除了设定范围外，先验分布没有任何作用。

表 23　贝叶斯推断计算的电子数据表模型

	A	B	C	D	E
1	n＝检测鸡的数量	30	公式：		
2	Se＝检测的敏感性	80.00%	$A8:A258 \{0.0, 0.001, 0.002, 0.003, \cdots, 0.25\}$		
3	Sp＝检测的特异性	98.00%	$B8:B258 \{1\}$		
4			$C8:C258 \{\mathrm{BINOMDIST}(0, n, A8 \times Se + (1-A8) \times (1- Sp), 0)\}$		
5			$D8:D258 \{B8 \times C8\}$		
6			$E8:E258 \{D8/\mathrm{SUM}(D8:D258)\}$		
7	流行率 p(%)	先验概率密度	似然性 $P(T^-\|D^+)$	后验概率	归一化后验概率
8	0.00	1	$5.45^{E}-01$	$5.45^{E}-01$	$2.44^{E}-02$
9	0.10	1	$5.33^{E}-01$	$5.33^{E}-01$	$2.38^{E}-02$
10	0.20	1	$5.20^{E}-01$	$5.20^{E}-01$	$2.33^{E}-02$
⋮	⋮	⋮	⋮	⋮	⋮
258	25	1	$7.02^{E}-04$	$3.07^{E}-11$	$3.14^{E}-05$

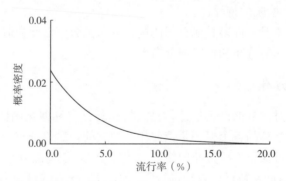

图 55　不确定参数（鸡群感染流行率）p 的后验分布。先验分布是无信息的，检测 30 只鸡均为阴性

6.5.5.2　有信息先验

假设我们有一些信息表明鸡群疫病流行率在 1%～10%，最可能值为 5%。用前例中同样方法检测同样数量的鸡，如果结果全为阴性，那我们又该如何描述该鸡群的疫病状况呢？在这个例子中，和无信息先验例子一样，将用二项抽样近似超几何抽样，假设鸡群 M 相对于样本容量 n 足够大，那么 n 小于 M 的 10%。

如果抽取的样本大于 $0.1 \mathrm{x} M$，计算将变得更复杂（见第 6 章）。由于已经有了信息先验，需要将表 23 中 B 列的先验分布替换成反映该情况的分布。可以用三角分布或者 PERT 分布作为先验（分别见表 24 和表 25）。三角分布的主要优点是易于应用，因为只需一步就可以轻而易举地获得适当的密度。尽管需要经过几步才能获得 PERT 分布密度，但是在模拟专家意见方面它提供了更大的灵活性，正如第 6 章所述。

如图 56a 和图 57a 所示，似然函数表明通过检测 30 只鸡获得的信息是有限的。这一点也体现在后验分布中，后验分布与先验分布相比没有多大变化。反之，如果检测 100 只鸡（图 56b 和图 57b）则可获得更多信息。这些反映在似然函数和后来的后验分布中。

表 24　鸡群感染流行率的先验概率密度分布（三角分布），其中一只鸡的感染概率介于 1%～10%，最可能值为 5%

	A	B
	流行率 $p_i(\%)$	概率密度 $f(x)^*$
1		
2	1.0	IF($A2 \leqslant =ML, 2 \times (A2-min)/((ML-min) \times (max-min)), 2 \times (max-A2)/((max-min) \times (max-ML))$)
3	1.1	IF($A3 \leqslant =ML, 2 \times (A3-min)/((ML-min) \times (max-min)), 2 \times (max-A3)/((max-min) \times (max-ML))$)
4	1.2	IF($A4 \leqslant =ML, 2 \times (A4-min)/((ML-min) \times (max-min)), 2 \times (max-A4)/((max-min) \times (max-ML))$)
⋮	⋮	⋮
92	10	IF($A92 \leqslant =ML, 2 \times (A92-min)/((ML-min) \times (max-min)), 2 \times (max-A92)/((max-min) \times (max-ML))$)

注：* 三角分布（$Triang(a,b,c)$），对小于等于 b 的 x 值有密度 $f(x)=\dfrac{2(x-a)}{(b-a)(c-a)}$，对大于 b 的 x 值有密度 $f(x)=\dfrac{2(c-x)}{(c-a)(c-b)}$，其中 a 为最小值，b 为最可能值，c 为最大值。

表 25　鸡群感染流行率的先验概率密度分布（PERT 分布），其中一只鸡的感染概率介于 1%～10%，最可能值为 5%

	A	B	C
	流行率 $p_i(\%)$	累积概率密度	概率密度 $f(x)^a$
1			
2	1.0	$BETADIST(A2, \text{alpha\_1}, \text{alpha\_2}, min, max)^b$	0
3	1.1	$BETADIST(A3, \text{alpha\_1}, \text{alpha\_2}, min, max)$	($B3-B2$)/($A3-A2$)

（续）

	A	B	C
4	1.2	$BETADIST(A4,\text{alpha\_1},\text{alpha\_2},\min,\max)$	$(B4-B3)/(A4-A3)$
⋮	⋮	⋮	⋮
92	10	$BETADIST(A92,\text{alpha\_1},\text{alpha\_2},\min,\max)$	$(B92-B91)/(A92-A91)$

注：a. 先验分布的概率密度，通过对累积概率密度曲线微分获得：$\dfrac{\mathrm{d}y}{\mathrm{d}x}=\dfrac{y_{i+1}-y_i}{x_{i+1}-x_i}$；

b. BETADIST 中对 alpha1 和 alpha2 参数值的累积 Beta 概率密度函数，其计算见第 6 章（PERT 分布）。min 和 max 分别代表 PERT 分布 $[PERT(a，b，c)]$ 的最小值和最大值。

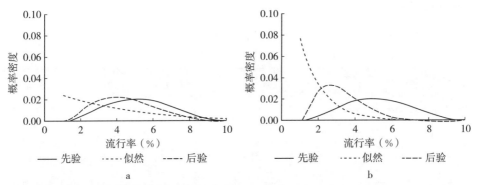

图 56　有先验信息的大鸡群里不确定参数感染流行率 p 的分布（密度由 PERT 分布获得）

a. 检测样本为 30 只鸡；b. 检测样本为 100 只鸡

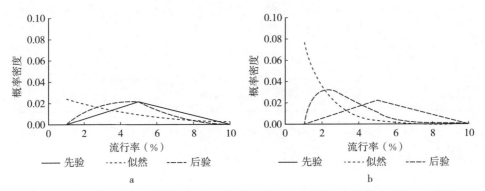

图 57　有先验信息的大鸡群里不确定参数感染流行率 p 的分布（密度由三角分布获得）

a. 检测样本为 30 只鸡；b. 检测样本为 100 只鸡

6.5.6　贝叶斯推断仿真举例

我们可以通过仿真代替贝叶斯推断分析计算。仿真模型更容易构建，当然也更直观。例如，前面章节中阐述的贝叶斯推断计算模型可以由表 26 中的模型所取代。单元格 B8 的结果，即后验分布确定是否接受结果。如果至少 1 只动物检测为阳性，那么结果被拒绝并且返回一个错误 NA（）。如果运行迭代次数足够多，就可以产生能绘制分布的可接受值。贝叶斯推断仿真最主要的缺点是对于小概率事件，需要进行多次迭代。由于仿真结果最终一定会收敛于计算结果，如果所使用计算机运行足够快，仿真方法是代替计算的一种合理的方法。图 58a 和图 58b 比较了由贝叶斯推断计算所得的分布与由无信息和有信息先验仿真所得的分布。在这个例子中，构建贝叶斯仿真的后验分布进行了 10 000 次迭代。对于无信息先验只有 228 次（约 2%）迭代被接受，而对于有信息先验 1 658 次迭代（约 17%）被接受。虽然在计算结果和仿真结果之间有些微小差距，但差异并不是很大。

表 26 关于贝叶斯推断仿真的电子数据表模型

	A	B
		输入变量
1		$M=$ 畜群规模 $=1\,000$ $n=$ 样本大小 $=30$ $Se=$ 试验敏感性 $=80\%$ $Sp=$ 试验特异性 $=98\%$
2	对 p_i 的先验： 在鸡群 M 中鸡的感染流行率为 p	无信息 $p_1=IntUniform(0,M)/M$ 有信息 $p_2=PERT(0.01,0.05,0.1)$
3	似然性： a）抽取的组群中感染的鸡数 n	$IF(p_i=0,0,Binomial(n,p_i))$
4	b）感染鸡中检测为阳性的数量	$IF(B3=0,0,Binomial(B3,Se))$
5	c）抽取的组群中未感染的鸡数	$n-B3$
6	d）检测为阳性的未感染鸡数	$IF(B5=0,0,Binomial(B5,1-Sp))$
7	e）检测阳性数	$B4+B6$
8	对 p_i 的后验	$IF(B7=0,p_i,NA（）)$

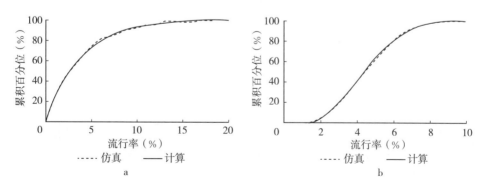

图 58 利用贝叶斯推断计算（表 25）或贝叶斯推断仿真（表 26）获得的不确定参数鸡群感染流行率 p 的累积分布

a. 无信息先验；b. 有信息先验

7　二阶建模简介[①]

大多数定量风险评估模型是不确定性和变异性的结合。传统意义上讲，大多数模型把随机变量要么都视为模拟不确定性的变量，要么都视为模拟变异性的变量，通常不刻意区分二者的不同。然而，最常见的情况可能是使用某种分布来模拟变异性，但描述分布特征的参数实际上是不确定的。例如，如果从已知感染某种疫病的大鸡群中抽取 100 只鸡，我们想确定有多少只鸡可能被感染，就可以应用二项函数（详见第 4 章）$Binomial(n,p)$。描述这个分布的两个参数 n 和 p 分别代表抽取的鸡数和鸡群中感染的流行率。如果我们假定实际流行率是 5%，那么当这两个参数 n 和 p 都为固定值或常量时，这个分布就可以简单模拟样本中感染鸡数量的变异情况（图 59）。然而，如果实际流行率不能确定，我们可咨询专家意见并用 PERT 分布模拟这个流行率（详见第 4 章），PERT 分布中提供了便捷的方法来描述流行率的最小值、最可能值、最大值，以及发生概率的加权值。由于流行率 p 是不确定性参数，那么二项分布将模拟变异性和不确定性。

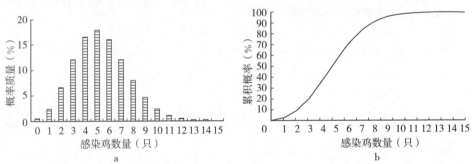

图 59　二项分布模拟从流行率为 5% 的大鸡群中抽取 100 只鸡的组群中感染鸡数量的变异情况，其中流行率为 5%，$Binomial(100,0.05)$

a. 相对频率图；b. 累积概率图

区分变异性和不确定性

定量风险评估模型可用函数 $R=f(V,U)$ 表示，其中结果 R 是变异性 V 和

---

① 本章主要参考 Vose D. 主编的《定量风险分析指南》，John Wiley & Sons，Chichester，2000。

不确定性 U 的函数。如果希望单独考虑不确定性的影响，需要将模型分解为变异要素和不确定要素。

a）在变异要素中，描述分布特征的准确参数值已知，或存在大量的代表性数据，并假设从这些数据中获得的参数就是总体参数。概率分布既可以由参数确定，这些参数通过将经验数据与理论分布进行拟合而获得，比如使用参数法拟合正态分布；也可以使用非参数法由数据直接获得（详见第 6 章）。这些具有固定参数或常量参数的分布也称为一阶分布。例如：

$$\underline{x} = Binomial(n, p) \tag{函数 1}$$

其中，$\underline{x}$ 表示一阶随机变量，无下划线的参数 n 和 p 是固定值或常量值。

b）在不确定要素中，描述分布特征的参数是不确定的。例如，仅有少量代表性数据、没有真实数据或者数据不具代表性时。因为描述这些分布特征的参数本身是不确定的，所以每个分布需要分别确定。有很多方法可以用来确定这些分布，包括古典统计方法、贝叶斯推断和自举法，这些方法都在第 6 章中讨论过。由此得到的分布称为二阶分布。它允许我们分别编码和传播变异性和不确定性，例如：

$$\underline{\underline{x}} = Binomial(n, \underline{p}) \tag{函数 2}$$

其中，p 表示不确定性参数，本身就可表示为具有常量参数的一阶随机变量，如 $PERT$（0.02，0.05，0.1）。$\underline{\underline{x}}$ 表示二阶随机变量。

变异性和不确定性可以通过建立二阶模型来分开。先围绕问题的变异性来建立模型，然后覆盖任何可能存在的不确定性。

两种最常用的技术是：

- 计算变异性，然后模拟不确定性；
- 模拟变异性和不确定性。

7.1.1　二阶模型能够证明吗？

分别模拟变异性和不确定性是否重要，忽略不确定性的影响并将两者共同模拟是否合理呢？解释不确定性是一项复杂而耗时的工作，因此我们需要一种相对直接的方法来帮助决定是否值得付出此努力。我们可能会从下面的做法得到启发，首先建立一个模型并将其作为一阶模型来运行，其中代表不确定参数的分布设定为期望值。然后作为"混合"模型运行，对其不确定部分和变异部分一起模拟。最后可以比较两个模型的运行结果。

继续介绍上面的例子。如果指定 $PERT$（0.02，0.05，0.1）分布来描述不确定参数 p（畜群感染流行率），就需要确定这个分布的预期值并将其作为一阶模型运行：

$$\underline{x} = Binomial(n, p \text{ 的预期值}) = Binomial(100, 0.053)$$

$$\tag{函数 3}$$

然后将其作为"混合"型模型运行，其中变异性和不确定性一起模拟：

$$x = Binomial(100, PERT(0.02, 0.05, 0.1))$$　　　（函数 4）

最后，比较两个模型的运行结果（图 60）。在这种特定的情况下，由于图形上的差别很小，所以不必担心不确定性的影响。最明显的区别是在分布的尾部，并且平均值之间差别很小。在模型中混合变异性和不确定性总会增大方差，导致结果更加分散，特别是在分布尾部，但是对平均值的影响不会那么大。如果从尾部（如第 95 百分位数）而不是从平均值报告结果，就要记住这种"混合"模型会给出过高的估计。当然，差别的幅度可能并不重要。

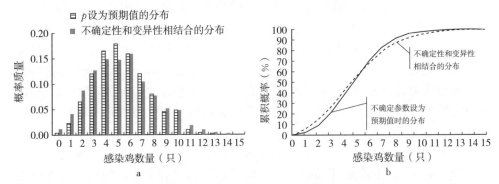

图 60　带有不确定参数的模型运行结果比较，①描述不确定参数感染率 p 设为预期值时的分布：$Binomial$（100，0.053），②变异性和不确定性一起模拟时 $Binomial$（100，$PERT$（0.02，0.05，0.1））。

a. 相对频率图；b. 累积概率图

7.1.2　变异性计算与不确定性模拟

继续上面的例子：因为参数 p 是不确定的，所以我们需要定义感染鸡数量的二阶分布。本例中感染鸡的数量是二阶随机变量 x：

$$x = Binomial(n, p) = Binomial(100, PERT(0.02, 0.05, 0.1))$$

（函数 5）

为了区分这个函数中的变异性和不确定性，需要先计算变异性，然后模拟不确定性。可以建立电子数据表，使用 Excel 中 BINOMDIST 函数计算抽取的鸡群中感染鸡数量的变异性，如表 27 中单元格 B4：AD104 所示。然后通过收集 30 个拉丁超立方体样本，对代表流行率的 PERT 分布进行抽样。当然，样本也可以超过 30 个，但 30 个样本对于解释二阶分布来说已经足够了。每个样本值都用作单元格 B2：AD2 中特定情况下的流行率估计值。由于拉丁超立方体抽样能够保证从整个分布范围内抽取样本的值同分布的概率密度相一致，这种方法是首选抽样方法。然后，在从 B 列到 AD 列的一系列二项计算中，这些值被看作流行率的固定值或常量估计值，用来确定样本中感染鸡数量的分布。如果为每一个分布绘图，如图 61 所示，就会清楚地了解不确定性的影响。图 61 是二阶分布，其中每条线本身是描述某种情况的一阶分布，这里 n 和 p 都是常量。描述不确定性和变异性综合影响的分布也包括在图中，并被绘成粗黑线。它清楚地描述了一阶分布的平均数或均值。

表 27 变异性计算与不确定性模拟

	A	B	⋯	AD
1	不确定性参数 $p=PERT$（0.02，0.05，0.1）。收集了 30 个拉丁超立方体样本，这些样本作为从单元格 $B2$：$B104$ 到 $AD2$：$AD104$ 的 BINOMDIST 函数的常数输入值（单元格 $B2$：$AD2$）。每组单元格构成一个一阶二项分布。			
2	LHC（拉丁超立方体）样本：→	5.05％	⋯	6.09％
3	感染鸡数量（x）	P（$X=x$）	⋯	P（$X=x$）
4	0	$BINOMDIST$（$\$A4,100,B\$2,1$）	⋯	$BINOMDIST$（$\$A4,100,AD\$2,1$）
5	1	$BINOMDIST$（$\$A5,100,B\$2,1$）	⋯	$BINOMDIST$（$\$A5,100,AD\$2,1$）
6	2	$BINOMDIST$（$\$A6,100,B\$2,1$）	⋯	$BINOMDIST$（$\$A6,100,AD\$2,1$）
⋮	⋮	⋮		⋮
104	100	$BINOMDIST$（$\$A104,100,B\$2,1$）	⋯	$BINOMDIST$（$\$A104,100,AD\$2,1$）

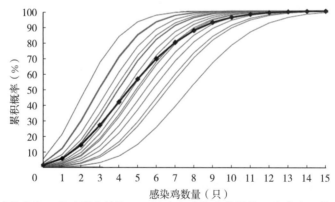

图 61 从感染率为 p 的鸡群内抽取 100 只鸡中感染鸡数量的二阶分布，其中不确定参数 p 用 $PERT$（0.02，0.05，0.1）分布表示

每条线都是针对流行率特定估计值的一阶分布，粗黑线表示不确定性和变异性相结合的分布。

图 62 绘制了第 95 百分位分布图。这个分布中样本均数为 9 的 95％ 置信区间是 8.8～9.5，表明由于置信区间很窄，导致变异性比不确定性占优势。如果需要，可以确定整个累积分布的置信限。这些置信限也就是不确定的。

假如要确定一个包含 10 只鸡的组群中至少有 1 只鸡感染的概率，可用二阶分布表示如下：

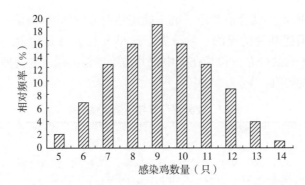

图 62   从不确定性参数感染率 p 用 $PERT$（0.02，0.05，0.1）分布表示的鸡群中抽取
100 个样本，其中感染鸡数量二阶分布的第 95 百分位数的频率分布

$$P(x \geq 1) = 1 - (1 - p)^n \qquad （公式 61）$$

公式 61 明确地计算了样本中感染鸡数的方差，可直接进行模拟。所得出的分布是单线二阶分布（图 63）。

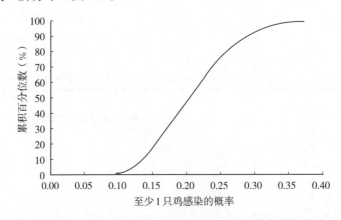

图 63   从感染率为 p 的鸡群中抽取 10 只鸡至少 1 只鸡感染的概率的二阶分布
其中不确定参数 p 用 $PERT$（0.02，0.05，0.1）分布表示

7.1.3   变异性和不确定性模拟

同时模拟变异性和不确定性也可以区别两者的影响。在上面的例子中，可用一阶分布函数模拟样本中感染鸡数量的变异情况：

$$x = Binomial(n, p) \qquad （函数 6）$$

然而，由于我们使用随机抽样来模拟变异性，所以就不能再用来模拟不确定性。正如在前面部分所述，我们需要从代表不确定性参数感染率 p 的 PERT 分布中采集一些拉丁超立方体样本。每一个样本值作为常量输入一阶分布函数式（函数 6）。然后用第一个拉丁超立方体样本进行第一次模拟，依此类推。@RISK中的 Simtable 函数可通过引用一系列由 PERT 分布（表 28）的拉丁超立方体抽样所产生的值，自动执行该过程。尽管这种运算简单，但是模拟变异性和不确定性需要耗费相当多的计算成本，因为运行模型可能需要相当长的时间，特别是当我们对稀有事件进行模拟时需要进行大量迭代运算。例如，如果我们收集 30 个拉丁超立方体样本且每次模拟进行 10 000 次迭代运算，那么我们最终要进行 300 000 次迭代运算。模型运行结束后采集结果，并将其绘制成同图 61 相似的图形。

表 28   模拟变异性和不确定性

	A	B
1	变异性	不确定性
2		流行率＝$PERT(0.02, 0.05, 0.1)$
3	感染鸡数量 $x = Binomial\,(100, B2)$	$Simtable(B4:B33)$
4		5.05%
5		6.09%
6		4.4%
⋮	⋮	⋮
33		4.1%

8 定量风险评估模型构建指南

无论建立定性还是定量风险评估模型，都需要进行一系列系统的重要步骤。不过，定量风险评估模型的构建更具挑战性。构建定量模型包括以下步骤：

—清楚明确地描述需要回答的问题；

—确定相关群体；

—绘制情景树；

—模型要尽可能简单；

—考虑是否需要说明单元之间的独立性；

—确保适当地考虑了变量之间的独立性、从属性或相关性；

—确定模型中每一现有输入信息的类型；

—记录每个变量的假设条件、证据、数据和不确定性；

—为每个变量选择恰当的分布；

—确定是否需要区分变异性和不确定性；

—确保模型的每一次迭代在生物学上是合理的；

—独立验证计算结果；

—进行敏感性分析；

—考虑如何呈现结果以便于交流；

—对模型进行同行评审。

下面将依次讨论上述各个步骤。

8.1 确定风险分析范围

无论是计划进行定性风险分析，还是定量风险分析，重要的是从一开始就必须对所要回答的问题有清楚的理解。确定问题的过程称为"确定风险分析的范围"，如果这个步骤实施不好，那么在解释和交流结果时必定会出现问题。

当考虑可能性时，分子和分母的单位必须明确说明。例如，分子可以描述为一个或几个事件，或者说至少一个事件的发生概率。分母可以表示为每只进口动物、每吨肉、每批次或每年等。风险的表示方式对如何建立模型、如何解释风险结果，以及如何风险交流等有重要影响。

或许有人会提出这样一个问题："通过猪胚胎传入古典猪瘟（CSF）的可能

性有多大?"这个问题的措辞不准确,使我们无法清楚地确定相关的确切结果。例如,决策者对每个胚胎、每个供体、每个受体、每批次、每月或每年的概率感兴趣吗?决策者关注的是尽管至少有 1 个胚胎污染 CSF 病毒,但胚胎供体通过了所有检测的概率 $P(allT^-|D^+ \geqslant 1)$ 吗?或者决策者关注的是虽然所有供体都通过检测且胚胎已被接受允许进口,但是其中至少 1 个胚胎污染 CSF 病毒的概率 $P(D^+ \geqslant 1|allT^-)$?后面的情况考虑了所有的胚胎,不管其来源供体是否感染,而前者仅考虑来源于感染供体的胚胎。

那么这里清晰而明确的问题应该是:

如果根据计划且在符合《OIE 法典》卫生措施的情况下,每年从 CSF 呈地方性流行的国家或地区进口 1 000~2 000 个猪胚胎,那么(我国)每年至少暴发一次 CSF 的概率是多大?

8.2　目标群体

在构建风险评估模型时,需要具体说明你所关注的动物群体。例如,你关注的是一个国家或地区所有的牛群吗,而不论其疫病状况如何?或者你关注的是历史无疫畜群中的某个亚群,比如参加了认证计划的那些畜群?哪些动物和人会暴露于进口的动物或动物产品?

8.3　图形化描述模型

无论计划进行定性还是定量风险评估,生物途径的图形化描述能提供一个有用的概念性框架。它有助于以简单、透明、有意义的方式直观地表示定性评估要考虑的途径的范围和类型,也是建立定量模型必不可少的一步。图形化描述提供了一种有用的"思维导图"或可视化呈现,来:
- 识别变量;
- 确定变量之间的关系;
- 确定信息需求;
- 确保事件在时间上和空间上的逻辑链;
- 提供建立数学模型的框架;
- 确保计算出适当的估计值;
- 协助交流模型结构;
- 阐明对问题的看法和理解。

情景树是描绘生物途径的一种恰当而有效的方式。情景树开始于一个初始事件，如从可能感染的畜群中抽取一些动物；然后描绘出可导致不同结果的各种途径，如接受检测呈阴性的动物或暴发某种疫病。习惯上通过文本框或节点描述事件，而用源于各自文本框或节点的线或箭头表示事件发生的概率（图64）。图65至图68是情景树的几个例子。

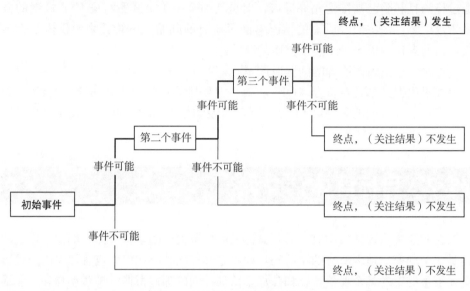

图 64 概率检验情景树通用框架

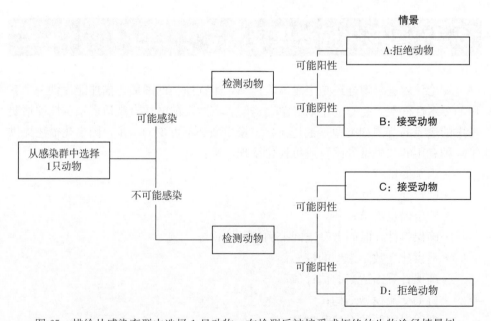

图 65 描绘从感染畜群中选择1只动物，在检测后被接受或拒绝的生物途径情景树

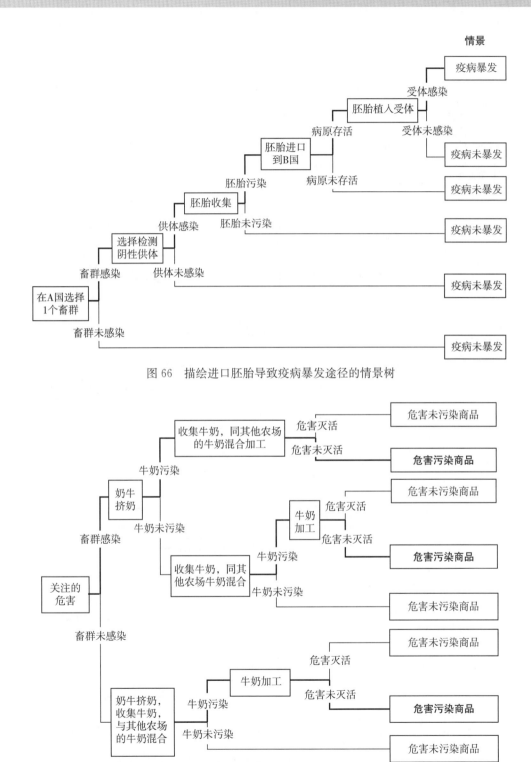

图 66 描绘进口胚胎导致疫病暴发途径的情景树

图 67 描绘导致进口乳制品污染途径的释放评估情景树

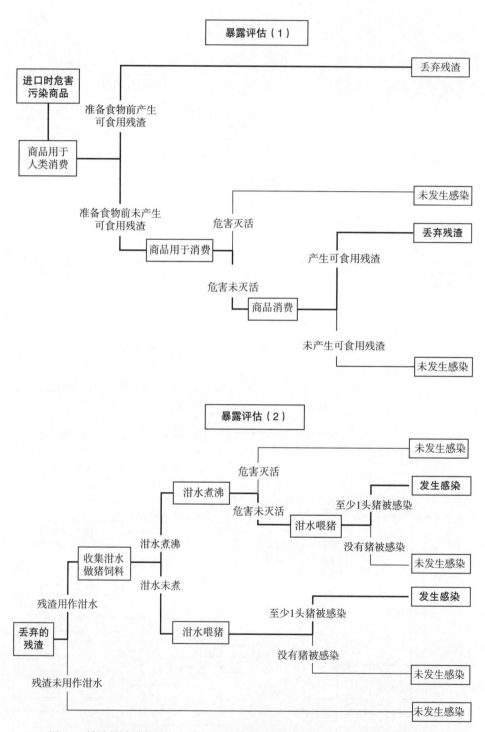

图68 描绘易感动物接触污染的进口商品导致感染的途径的暴露评估情景树

还有几种其他方式可以使模型图示化，如显示不同变量如何相互作用的影响图（图 69①）。这些图表可能有助于说明模型的某些方面，但通常不能提供从初始事件到所关注结果的各种途径。如果存在大量相互依赖的变量，影响图可能会变得相当复杂而难以理解。

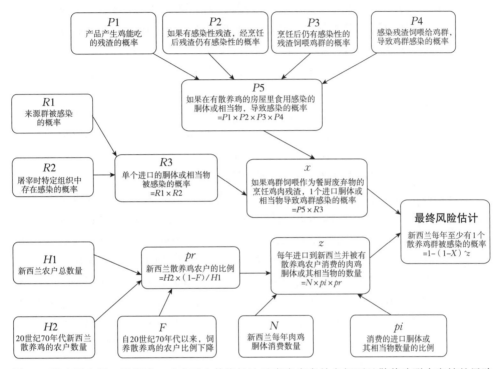

图 69　影响图实例：模拟进口鸡肉引入传染性法氏囊病病毒并在新西兰散养鸡群中定植的风险

8.4　简单性

建模的目的是尽可能准确地表示目标系统。模型从来都不是对现实的近似，因此在不牺牲实用性的前提下，使模型尽可能简单是很重要的。在多数模型中，结果仅由少数变量驱动。简单的模型更加透明、易用，并易于向相关利益方进行解释。

---

① MAF Regulatory Authority. Import Risk Analysis：chicken meat and chicken meat products；Bernard Matthews Foods Ltd turkey meat preparations from the United Kingdom. Wellington，New Zealand，1999.

8.5　说明单元之间的独立性

定量风险评估中的一些计算假设变量是相互独立的。例如，下面的公式62[①]，假设群体中每个动物都是独立的，计算从特定畜群中随机选择的 n 个动物中至少有1只动物被感染（D^+）的概率：

$$P(D^+ \geqslant 1) = 1 - (1-p)^n \qquad \text{（公式 62）}$$

其中：p 为畜群中感染的流行率。

如果把这种情景树扩展到从不同的种群中选择 k 个相同大小的批次，并应用相同的计算方法，则根据公式63，选择至少1只感染动物（D^+）的概率为：

$$P(D^+ \geqslant 1) = 1 - (1 - HP \times (1-(1-p)^n))^k \qquad \text{（公式 63）}$$

其中：HP 是畜群的流行率（感染畜群的比例）。

只要假定每个畜群的感染率相同，那么这个计算就是正确的。如果假定每个畜群的感染率不同，使用 $PERT$（1%，2%，5%）分布为每个畜群建模，并将这种分布代入公式63，则可以有效地说，k 个批次中的每一批都是从感染率相同的畜群中选出来的。这种情况在生物学上是不合理的，并且将忽略一个事实，即每个畜群的感染率可能会有所不同。也就是说，每一畜群都是独立的单元。图70比较了两个模型的结果，一个模型忽略了每个畜群是一个独立的单元，而另一个模型则认为它们是独立的。正如我们所见，第50百分位数相同，但是当我们不将其视为独立单元时，则结果差异会更大。如果根据分布的尾部

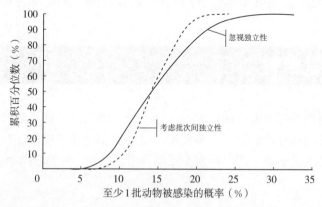

图70　忽略单元之间独立性和考虑单元之间独立性的模型比较

---

① 该公式及其后面的公式均已经在第5章中介绍过。

报告结果，如第 95 百分位数，则会高估进口至少 1 个受感染批次动物的概率（然而，在这个特例中，两个概率第 95 百分位数之间的差异很小，分别为 23% 和 19%）。

在第 7 章关于中心极限定理的讨论中还给出了其他示例，说明考虑单元之间的独立性可能很重要。

那么，考虑单元之间的独立性有多重要呢？对这个问题的回答在某种程度上依赖于所需要的估计。如果报告的估计值是中位数（第 50 百分位数），则可能不是很关键。但是，如果估计值是从分布的尾部值得出的，如第 95 百分位数，则该估计值可能会被夸大，尽管差异可能不会很大。

8.6 变量之间的独立性和依赖性或相关性

理想情况下，应该构建定量风险评估模型，以确保输入变量是相互独立的。如果两个或多个变量之间存在依赖性或相关性，则基于乘法规则的各种不同组合的联合概率将是不正确的，并将产生不合理的情景。下面举两个例子：

——通常假设对同一动物进行的几次检测的结果是相互独立的。根据具体情况，这些检测结果间可能存在显著的相关性。对于测量对感染病原体产生相似生物反应的检测，在感染动物或未感染动物都可能出现正相关。重复检测得到的假阴性结果，可能发生在感染过程的早期，如果是潜伏感染或细胞内感染，则可能发生在感染过程的后期。

例如，如果用 ELISA 试验检测来自某个有副结核病农场的牛，只接受检测结果为阴性的牛，并将其移入检疫隔离设施，然后用同样的方法再次检测，仅接受那些检测结果为阴性的牛。那么能假设两次检测结果是独立的吗？不能，因为副结核病是一种慢性病，这种病不可能在短短几个星期内发展到先前阴性的奶牛血清转阳，而在第二次检测中产生阳性检测结果。如果计算一群血清学阴性的奶牛中至少有一头奶牛感染副结核病的概率，而不去考虑检测结果间可能存在的显著的相关性，则可能会低估引入感染动物的可能性。当然，如果是一种潜伏期很短的急性病毒性疾病，且两次检测间隔期间动物一直处于暴露状态，那么假设检测结果间没有相关性是合理的。

——当疥病（一种引起鲑皮肤损伤的疾病）的流行率升高时，该病的临床症状更可能出现。在这种情况下，可以预期目视检查和分级能更有效地从加工链中识别和淘汰受感染的鱼。由于疫病的流行率与检查和分级的有效性之间存在相关性，因此需要将定义这些变量的两种分布联系起来，以确保模拟的情景合理。在这个例子中，需要避免模拟包括疾病流行率低且检查和分级的有效性水平高的输入值的情景。

8.7 数据和信息

无论是进行定量风险评估还是定性风险评估，为了识别和获取正确的数据和信息，都需要提出和回答许多问题，例如：

—是否有能够涵盖目标群体的足够的代表性数据，以便可以合理地估计变量参数的每个值？

—基于小样本量的数据能否代表相关总体？

—当缺少相关总体的数据时，是否能从其他类似群体中获得相关数据？

在进口风险分析领域，特别是动物卫生风险分析领域，分析人员常常会发现缺少数据。分析人员不得不依靠有限数据和专家意见的结合，或许在完全没有任何可用数据时，也许只能完全依靠专家意见。

定量和定性风险评估资料和信息的可能来源包括：

—参考期刊中发表的研究成果；

—教科书；

—官方报告，如 OIE 的网站、《公报》和《世界动物卫生状况》；

—贸易伙伴的兽医机构；

—行业来源；

—专家意见。

8.8 模拟变量

对于风险评估中要模拟的每一个变量，分析人员应该：

a）记录其证据、数据、假设和不确定性；

b）决定将其作为一个点估计值来模拟还是使用概率分布来模拟；

c）选择一个合适的概率分布来表示变量；

d）确保所选择的分布在生物学上是合理的，而不是仅因为这个分布对数据"很好拟合"就简单选择了它。对于产生这些数据的隐含现象应给予充分的考虑。有许多技术可以帮助从可用信息中建立适当的分布。这些已在第 6 章中讨论过了，其中描述了建立分布可采用的 3 种方法：

—运用参数法或非参数法将经验数据拟合形成分布；

—纯粹利用专家意见的主观方法；

—运用贝叶斯定理将经验数据和专家意见相结合的方法。

8.9　区分不确定性和变异性

正如第 7 章所述，对于定量风险评估模型中的某些变量，描述分布特征的准确参数值可能是已知的，或者可能有大量代表性数据，并且可以假设从这些数据中得到的参数为总体参数。另外，对于某些变量，描述分布特征的参数是不确定的，例如，有很少的代表性数据、没有数据或数据不具有代表性。由于区分不确定性和变异性可能很复杂，因此重要的是需要调查不确定性的潜在影响，以确定是否可以忽略该影响，并将不确定部分和可变部分一起建模是否合理。第 7 章提供了一种方法，可以帮助确定是否值得将这些部分分开并建立一个二阶模型。

8.10　确保模型生成合理的情景

确保模型中每一分布的输出及所有迭代产生的总体结果在生物学上是合理的，这是很必要的。为了保证不产生非预期结果，需彻底检查整个计算。某些分布（如正态分布）可能需要截断以确保只有在合理范围内的那些值包括在模型内。在建立模型时，反复使用重新计算键（如 Excel 中的 F9 键）有助于保证每次迭代的合理性。

8.11　验证计算结果

重要的是要确保模型在数学上是正确的，以及指定的输入是合适的。确保输入的变化会产生预期的输出改变。如果输出结果正好相反，那么需要查明原因，以确定产生的非预期结果是合理的还是错误的。

8.12　敏感性分析

敏感性分析用于识别定量模型中影响最大的变量。出于多种原因，可能需要弄清楚哪些输入对决定输出结果的影响最大。探索输入值和输出结果的关系有助于更好地理解和解释分析结果，同时为进一步收集信息打好基础，并且确定未来研究的优先顺序。如果认为输入变量之间存在相关性，则敏感性分析能够帮助确定其存在能否影响模型的结果。

有很多技术可用于敏感性分析，而最常用的技术涉及确定输出变量与其输入之间的相关程度。相关性是两个变量间相关程度的定量度量。相关程度可以通过秩相关法或多元逐步回归法来计算。由于秩相关法一般不对相关性质做假设，因此通常被优先选用。而多元逐步回归法却假设变量间存在线性关系。

敏感性分析中计算出来的相关系数可以绘制在龙卷风图上（图 71）。条形的长度代表每一输入变量和输出变量之间的相关程度。相关程度越高，输入变量对输出变量的影响越大。龙卷风图是描述最有影响力的变量的有用工具。如图 71 中，至少 1 只鸡感染传染性法氏囊病（IBD）的概率很大程度上取决于残渣产生的概率。散点图也是使这些相关性可视化和调查这种相关性性质的方法（图 72）。

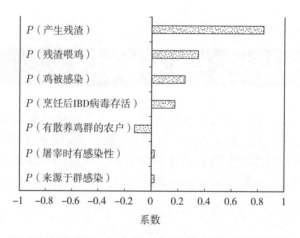

P （产生残渣）	P （残渣喂鸡）	P （鸡被感染）	P （烹饪后 IBD 病毒存活）	P （有散养鸡群 的农户）	P （屠宰时有 感染性）	P （来源于 群感染）
0.84	0.35	0.25	0.17	−0.13	0.02	0.01

图 71　进口去骨鸡肉导致散养鸡群中至少 1 只鸡感染 IBD 病毒概率的
　　　　秩相关敏感性分析龙卷风图[①]

①　MAF Regulatory Authority. Import Risk Analysis：chicken meat and chicken meat products：Bernard Matthews Foods Ltd turkey meat preparations from the United Kingdom. Wellington，New Zealand，1999.

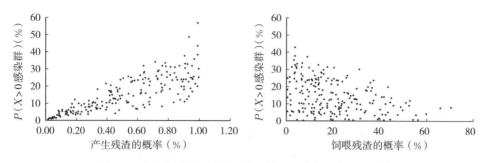

图 72　证明模型输入对模型输出结果影响的两个散点图[①]

8.13　结果呈现

为能使定量风险评估的结果方便交流，采取如下措施非常重要：

- 重申已经提出的问题。
- 借助恰当的图表（如情景树）明确说明模型结构。
- 记录所有的证据、数据和假设，包括参考文献。
- 使用标注清晰、整洁的图表，最常用的一般是直方图、累积频率图、散点图和龙卷风图等。
- 避免报告结果的小数点超过一位或两位，因为报告结果保留小数点后几位通常意味着无法达到的精度水平。应该考虑只将结果报告到最接近的数量级。
- 尽可能使报告重点突出、条理清晰。
- 尽量保持统计信息最少。
- 口头交流分析结果，确保能更好地理解问题和风险评估结果。

8.14　同行评审

如第一卷所述，同行评审对于确保风险分析基于最新和最可靠的信息非常重要。对于定量模型而言，同行评审旨在确保所用的分布和数学结构是恰当的。

在某些情况下，可以使用已经通过同行评审的模型。这样，只有新的数据输入需要同行评审。

---

① MAF Regulatory Authority. Import Risk Analysis: chicken meat and chicken meat products; Bernard Matthews Foods Ltd turkey meat preparations from the United Kingdom. Wellington, New Zealand, 1999.

参考文献

Covello V. T. , Merkhofer M. W. , 1993. Risk assessment methods. Approaches for assessing heslth and environment risks [M]. Plenum Press, New York.

Cullen A. C. , Frey H. C. , 1999. Probabilistic techniques in exposure assessment. A handbook for dealing with uncertainty in models and inputs [M]. Plenum Press, New York.

Daly S. , 1992. Simple SAS macros for the calculation of exact binomial and Poisson confidence limits [J]. Comput. Biol. Med. , 22, 351 - 361.

Martin S. W. , Meek A. H. , Willeberg P. , 1987. Verterinary epidemiology. Principles and methods [M]. IowaState university Press, Ames.

Merkhofer M. W. , 1987. Quantifying judgmental uncertainty: methodlogy, experiences and insights [J]. IEEE Transactions on Systems, Man and cyberkinetics, 17, 741 - 752.

Snedecor G. W. , Cochran W. G. , 1967. Statistical methods [M]. Oxford & IBH Publishing Co. , New Delhi.

Thrushfield M. , 1997. Veterinary epidemiology [M]. Blackwell Science Ltd. , United Kingdom.

Vose D. , 1997. Risk analysis in relation to the importation and exportation of animal products [J]. Rev. sci. tech. Off. Int. Epiz. , 16 (1), 17 - 29.

Vose D. , 2000. Risk analysis, a quantitative guide [M]. Juhn Wiley and Sons, Chichester.

附　　录

附录1　二项置信限表

二项分布的置信区间（％）（N＝1～10）

置信限的计算方法及未包含在此表中的置信限的内插或外推计算方法见附录2和附录3。

r	$P\left(\dfrac{r}{N}\times100\right)$	95% 下限	95% 上限	99% 下限	99% 上限
		N＝2			
0	0.00	0.00	84.19	0.00	92.93
1	50.00	1.26	98.74	0.25	99.75
2	100.00	15.81	100.00	7.07	100.00
		N＝3			
0	0.00	0.00	70.76	0.00	82.90
1	33.33	0.84	90.57	0.17	95.86
2	66.67	9.43	99.16	4.14	99.83
3	100.00	29.24	100.00	17.10	100.00
		N＝4			
0	0.00	0.00	60.24	0.00	73.41
1	25.00	0.63	80.59	0.13	88.91
2	50.00	6.76	93.24	2.94	97.06
3	75.00	19.41	99.37	11.09	99.87
4	100.00	39.76	100.00	26.59	100.00
		N＝5			
0	0.00	0.00	52.18	0.00	65.34
1	20.00	0.51	71.64	0.10	81.49
2	40.00	5.27	85.34	2.29	91.72
3	60.00	14.66	94.73	8.28	97.71
4	80.00	28.36	99.49	18.51	99.90
5	100.00	47.82	100.00	34.66	100.00

r	$P\left(\dfrac{r}{N}\times100\right)$	95% 下限	95% 上限	99% 下限	99% 上限
		N＝6			
0	0.00	0.00	45.93	0.00	58.65
1	16.67	0.42	64.12	0.08	74.60
2	33.33	4.33	77.72	1.87	85.64
3	50.00	11.81	88.19	6.63	93.37
4	66.67	22.28	95.67	14.36	98.13
5	83.33	35.88	99.58	25.40	99.92
6	100.00	54.07	100.00	41.35	100.00
		N＝7			
0	0.00	0.00	40.96	0.00	53.09
1	14.29	0.36	57.87	0.07	68.49
2	28.57	3.67	70.96	1.58	79.70
3	42.86	9.90	81.59	5.53	88.23
4	57.14	18.41	90.10	11.77	94.47
5	71.43	29.04	96.33	20.30	98.42
6	85.71	42.13	99.64	31.51	99.93
7	100.00	59.04	100.00	46.91	100.00
		N＝8			
0	0.00	0.00	36.94	0.00	48.43
1	12.50	0.32	52.65	0.06	63.15
2	25.00	3.19	65.09	1.37	74.22
3	37.50	8.52	75.51	4.75	83.03

r	$P\left(\dfrac{r}{N}\times100\right)$	95% 下限	95% 上限	99% 下限	99% 上限
		N＝8（续前）			
4	50.00	15.70	84.30	9.99	90.01
5	62.50	24.49	91.48	16.97	95.25
6	75.00	34.91	96.81	25.78	98.63
7	87.50	47.35	99.68	36.85	99.94
8	100.00	63.06	100.00	51.57	100.00
		N＝9			
0	0.00	0.00	33.63	0.00	44.50
1	11.11	0.28	48.25	0.06	58.50
2	22.22	2.81	60.01	1.21	69.26
3	33.33	7.49	70.07	4.16	78.09
4	44.44	13.70	78.80	8.68	85.39
5	55.56	21.20	86.30	14.61	91.32
6	66.67	29.93	92.51	21.91	95.84
7	77.78	39.99	97.19	30.74	98.79
8	88.89	51.75	99.72	41.50	99.94
9	100.00	66.37	100.00	55.50	100.00
		N＝10			
0	0.00	0.00	30.85	0.00	41.13
1	10.00	0.25	44.50	0.05	54.43
2	20.00	2.52	55.61	1.09	64.82
3	30.00	6.67	65.25	3.70	73.51

二项分布的置信区间（%）（N＝10～16）

置信限的计算方法及未包含在此表中的置信限的内插或外推计算方法见附录2和附录3。

（续）

r	$P\left(\dfrac{r}{N}\times100\right)$	置信区间				r	$P\left(\dfrac{r}{N}\times100\right)$	置信区间				r	$P\left(\dfrac{r}{N}\times100\right)$	置信区间			
		95%		99%				95%		99%				95%		99%	
		下限	上限	下限	上限			下限	上限	下限	上限			下限	上限	下限	上限
N=10（续前）						*N*=12（续前）						*N*=14（续前）					
4	40.00	12.16	73.76	7.68	80.91	9	75.00	42.81	94.51	34.48	96.97	10	71.43	41.9	91.61	34.21	94.74
5	50.00	18.71	81.29	12.83	87.17	10	83.33	51.59	97.91	42.70	99.10	11	78.57	49.2	95.34	41.08	97.43
6	60.00	26.24	87.84	19.09	92.32	11	91.67	61.52	99.79	52.30	99.96	12	85.71	57.19	98.22	48.77	99.24
7	70.00	34.75	93.33	26.49	96.30	12	100.00	73.54	100.00	64.31	100.00	13	92.86	66.13	99.82	57.6	99.96
8	80.00	44.39	97.48	35.18	98.91	*N*=13						14	100.00	76.84	100.00	68.49	100.00
9	90.00	55.50	99.75	45.57	99.95	0	0.00	0.00	24.71	0.00	33.47	*N*=15					
10	100.00	69.15	100.00	58.87	100.00	1	7.69	0.19	36.03	0.04	44.9	0	0.00	0.00	21.80	0.00	29.76
N=11						2	15.38	1.92	45.45	0.83	54.1	1	6.67	0.17	31.95	0.03	40.16
0	0.00	0.00	28.49	0.00	38.22	3	23.08	5.04	53.81	2.78	62.06	2	13.33	1.66	40.46	0.71	48.63
1	9.09	0.23	41.28	0.04	50.86	4	30.77	9.09	61.43	5.71	69.13	3	20.00	4.33	48.09	2.39	56.05
2	18.18	2.28	51.78	0.98	60.85	5	38.46	13.86	68.42	9.42	75.46	4	26.67	7.79	55.1	4.88	62.73
3	27.27	6.02	60.97	3.33	69.33	6	46.15	19.22	74.87	13.83	81.13	5	33.33	11.82	61.62	8.01	68.82
4	36.36	10.93	69.21	6.88	76.68	7	53.85	25.13	80.78	18.87	86.17	6	40.00	16.34	67.71	11.7	74.39
5	45.45	16.75	76.62	11.45	83.07	8	61.54	31.58	86.14	24.54	90.58	7	46.67	21.27	73.41	15.87	79.49
6	54.55	23.38	83.25	16.93	88.55	9	69.23	38.57	90.91	30.87	94.29	8	53.33	26.59	78.73	20.51	84.13
7	63.64	30.79	89.07	23.32	93.12	10	76.92	46.19	94.96	37.94	97.22	9	60.00	32.29	83.66	25.61	88.3
8	72.73	39.03	93.98	30.67	96.67	11	84.62	54.55	98.08	45.9	99.17	10	66.67	38.38	88.18	31.18	91.99
9	81.82	48.22	97.72	39.15	99.02	12	92.31	63.97	99.81	55.1	99.96	11	73.33	44.9	92.21	37.27	95.12
10	90.91	58.72	99.77	49.14	99.95	13	100.00	75.29	100.00	66.53	100.00	12	80.00	51.91	95.67	43.95	97.61
11	100.00	71.51	100.00	61.78	100.00	*N*=14						13	86.67	59.54	98.34	51.37	99.29
N=12						0	0.00	0.00	23.16	0.00	31.51	14	93.33	68.05	99.83	59.84	99.97
0	0.00	0.00	26.46	0.00	35.69	1	7.14	0.18	33.87	0.04	42.4	15	100.00	78.2	100.00	70.24	100.00
1	8.33	0.21	38.48	0.04	47.70	2	14.29	1.78	42.81	0.76	51.23	*N*=16					
2	16.67	2.09	48.41	0.90	57.30	3	21.43	4.66	50.8	2.57	58.92	0	0.00	0.00	20.59	0.00	28.19
3	25.00	5.49	57.19	3.03	65.52	4	28.57	8.39	58.1	5.26	65.79	1	6.25	0.16	30.23	0.03	38.14
4	33.33	9.92	65.11	6.24	72.75	5	35.71	12.76	64.86	8.66	72.01	2	12.5	1.55	38.35	0.67	46.28
5	41.67	15.17	72.33	10.34	79.15	6	42.86	17.66	71.14	12.67	77.66	3	18.75	4.05	45.65	2.23	53.44
6	50.00	21.09	78.91	15.22	84.78	7	50.00	23.04	76.96	17.24	82.76	4	25.00	7.27	52.38	4.55	59.91
7	58.33	27.67	84.83	20.85	89.66	8	57.14	28.86	82.34	22.34	87.33	5	31.25	11.02	58.66	7.45	65.85
8	66.67	34.89	90.08	27.25	93.76	9	64.29	35.14	87.24	27.99	91.34	6	37.5	15.2	64.57	10.86	71.32

二项分布的置信区间（％）（N＝16～20）

置信限的计算方法及未包含在此表中的置信限的内插或外推计算方法见附录 2 和附录 3。

（续）

N＝16（续前）

r	P（$\frac{r}{N}\times100$）	95% 下限	95% 上限	99% 下限	99% 上限
7	43.75	19.75	70.12	14.71	76.38
8	50.00	24.65	75.35	18.97	81.03
9	56.25	29.88	80.25	23.62	85.29
10	62.50	35.43	84.8	28.68	89.14
11	68.75	41.34	88.98	34.15	92.55
12	75.00	47.62	92.73	40.09	95.45
13	81.25	54.35	95.95	46.56	97.77
14	87.5	61.65	98.45	53.72	99.33
15	93.75	69.77	99.84	61.86	99.97
16	100.00	79.41	100.00	71.81	100.00

N＝17

r	P（$\frac{r}{N}\times100$）	95% 下限	95% 上限	99% 下限	99% 上限
0	0.00	0.00	19.51	0.00	26.78
1	5.88	0.15	28.69	0.03	36.30
2	11.76	1.46	36.44	0.63	44.13
3	17.65	3.80	43.43	2.09	51.04
4	23.53	6.81	49.90	4.26	57.32
5	29.41	10.31	55.96	6.97	63.10
6	35.29	14.21	61.67	10.14	68.46
7	41.18	18.44	67.08	13.71	73.44
8	47.06	22.98	72.19	17.64	78.07
9	52.94	27.81	77.02	21.93	82.36
10	58.82	32.92	81.56	26.56	86.29
11	64.71	38.33	85.79	31.54	89.86
12	70.59	44.04	89.69	36.90	93.03
13	76.47	50.10	93.19	42.68	95.74
14	82.35	56.57	96.20	48.96	97.91
15	88.24	63.56	98.54	55.87	99.37
16	94.12	71.31	99.85	63.70	99.97
17	100.00	80.49	100.00	73.22	100.00

N＝18

r	P（$\frac{r}{N}\times100$）	95% 下限	95% 上限	99% 下限	99% 上限
0	0.00	0.00	18.53	0.00	25.5
1	5.56	0.14	27.29	0.03	34.63
2	11.11	1.38	34.71	0.59	42.17
3	16.67	3.58	41.42	1.97	48.84
4	22.22	6.41	47.64	4.00	54.92
5	27.78	9.69	53.48	6.54	60.55
6	33.33	13.34	59.01	9.51	65.79
7	38.89	17.3	64.25	12.84	70.68
8	44.44	21.53	69.24	16.49	75.26
9	50.00	26.02	73.98	20.47	79.53
10	55.56	30.76	78.47	24.74	83.51
11	61.11	35.75	82.7	29.32	87.16
12	66.67	40.99	86.66	34.21	90.49
13	72.22	46.52	90.31	39.45	93.46
14	77.78	52.36	93.59	45.08	96.00
15	83.33	58.58	96.42	51.16	98.03
16	88.89	65.29	98.62	57.83	99.41
17	94.44	72.71	99.86	65.37	99.97
18	100.00	81.47	100.00	74.5	100.00

N＝19

r	P（$\frac{r}{N}\times100$）	95% 下限	95% 上限	99% 下限	99% 上限
0	0.00	0.00	17.65	0.00	24.34
1	5.26	0.13	26.03	0.03	33.11
2	10.53	1.30	33.14	0.56	40.37
3	15.79	3.38	39.58	1.86	46.82
4	21.05	6.05	45.57	3.78	52.71
5	26.32	9.15	51.2	6.17	58.18
6	31.58	12.58	56.55	8.95	63.29
7	36.84	16.29	61.64	12.07	68.09
8	42.11	20.25	66.5	15.49	72.6
9	47.37	24.45	71.14	19.19	76.84
10	52.63	28.86	75.55	23.16	80.81
11	57.89	33.5	79.75	27.4	84.51
12	63.16	38.36	83.71	31.91	87.93
13	68.42	43.45	87.42	36.71	91.05
14	73.68	48.8	90.85	41.82	93.83
15	78.95	54.43	93.95	47.29	96.22
16	84.21	60.42	96.62	53.18	98.14
17	89.47	66.86	98.7	59.63	99.44
18	94.74	73.97	99.87	66.89	99.97
19	100.00	82.35	100.00	75.66	100.00

N＝20

r	P（$\frac{r}{N}\times100$）	95% 下限	95% 上限	99% 下限	99% 上限
0	0.00	0.00	16.84	0.00	23.27
1	5.00	0.13	24.87	0.03	31.71
2	10.00	1.23	31.70	0.53	38.71
3	15.00	3.21	37.89	1.76	44.95
4	20.00	5.73	43.66	3.58	50.66
5	25.00	8.66	49.10	5.83	55.98
6	30.00	11.89	54.28	8.46	60.96
7	35.00	15.39	59.22	11.39	65.66
8	40.00	19.12	63.95	14.60	70.09
9	45.00	23.06	68.47	18.06	74.28
10	50.00	27.20	72.80	21.77	78.23
11	55.00	31.53	76.94	25.72	81.94
12	60.00	36.05	80.88	29.91	85.40
13	65.00	40.78	84.61	34.34	88.61
14	70.00	45.72	88.11	39.04	91.54
15	75.00	50.90	91.34	44.02	94.17
16	80.00	56.34	94.27	49.34	96.42

二项分布的置信区间（％）（N＝20～27）

置信限的计算方法及未包含在此表中的置信限的内插或外推计算方法见附录2和附录3。

（续）

r	$P\left(\dfrac{r}{N}\times100\right)$	95%下限	95%上限	99%下限	99%上限	r	$P\left(\dfrac{r}{N}\times100\right)$	95%下限	95%上限	99%下限	99%上限	r	$P\left(\dfrac{r}{N}\times100\right)$	95%下限	95%上限	99%下限	99%上限
N=20（续前）						**N=23**						**N=25（续前）**					
17	85.00	62.11	96.79	55.05	98.24	0	0.00	0.00	14.82	0.00	20.58	2	8.00	0.98	26.03	0.42	32.10
18	90.00	68.30	98.77	61.29	99.47	1	4.35	0.11	21.95	0.02	28.14	3	12.00	2.55	31.22	1.40	37.43
19	95.00	75.13	99.87	68.29	99.97	2	8.70	1.07	28.04	0.46	34.46	4	16.00	4.54	36.08	2.82	42.35
20	100.00	83.16	100.00	76.73	100.00	3	13.04	2.78	33.59	1.53	40.12	5	20.00	6.83	40.70	4.59	46.98
N=21						4	17.39	4.95	38.78	3.08	45.34	6	24.00	9.36	45.13	6.63	51.36
0	0.00	0.00	16.11	0.00	22.30	5	21.74	7.46	43.70	5.02	50.22	7	28.00	12.07	49.39	8.89	55.53
1	4.76	0.12	23.82	0.02	30.43	6	26.09	10.23	48.41	7.25	54.83	8	32.00	14.95	53.50	11.35	59.52
2	9.52	1.17	30.38	0.50	37.18	7	30.43	13.21	52.92	9.74	59.21	9	36.00	17.97	57.48	13.99	63.35
3	14.29	3.05	36.34	1.68	43.22	8	34.78	16.38	57.27	12.46	63.38	10	40.00	21.13	61.33	16.79	67.02
4	19.05	5.45	41.91	3.39	48.76	9	39.13	19.71	61.46	15.37	67.36	11	44.00	24.40	65.07	19.74	70.54
5	23.81	8.22	47.17	5.53	53.92	10	43.48	23.19	65.51	18.48	71.16	12	48.00	27.80	68.69	22.83	73.93
6	28.57	11.28	52.18	8.01	58.78	11	47.83	26.82	69.41	21.76	74.79	**N=26**					
7	33.33	14.59	56.97	10.78	63.37	**N=24**						0	0.00	0.00	13.23	0.00	18.44
8	38.10	18.11	61.56	13.81	67.72	0	0.00	0.00	14.25	0.00	19.81	1	3.85	0.10	19.64	0.02	25.29
9	42.86	21.82	65.98	17.07	71.85	1	4.17	0.11	21.12	0.02	27.13	2	7.69	0.95	25.13	0.41	31.04
10	47.62	25.71	70.22	20.55	75.75	2	8.33	1.03	27.00	0.44	33.24	3	11.54	2.45	30.15	1.34	36.21
N=22						3	12.50	2.66	32.36	1.46	38.73	4	15.38	4.36	34.87	2.71	41.00
0	0.00	0.00	15.44	0.00	21.40	4	16.67	4.74	37.38	2.95	43.79	5	19.23	6.55	39.35	4.40	45.50
1	4.55	0.12	22.84	0.02	29.24	5	20.83	7.13	42.15	4.79	48.55	6	23.08	8.97	43.65	6.35	49.77
2	9.09	1.12	29.16	0.48	35.77	6	25.00	9.77	46.71	6.92	53.04	7	26.92	11.57	47.79	8.52	53.85
3	13.64	2.91	34.91	1.60	41.61	7	29.17	12.62	51.09	9.30	57.32	8	30.77	14.33	51.79	10.87	57.75
4	18.18	5.19	40.28	3.23	46.99	8	33.33	15.63	55.32	11.88	61.40	9	34.62	17.21	55.67	13.38	61.50
5	22.73	7.82	45.37	5.26	52.01	9	37.50	18.8	59.41	14.65	65.30	10	38.46	20.23	59.43	16.05	65.10
6	27.27	10.73	50.22	7.61	56.74	10	41.67	22.11	63.36	17.59	69.04	11	42.31	23.35	63.08	18.86	68.57
7	31.82	13.86	54.87	10.24	61.23	11	45.83	25.55	67.18	20.70	72.62	12	46.15	26.59	66.63	21.81	71.91
8	36.36	17.20	59.34	13.10	65.49	12	50.00	29.12	70.88	23.96	76.04	13	50.00	29.93	70.07	24.89	75.11
9	40.91	20.71	63.65	16.18	69.54	**N=25**						**N=27**					
10	45.45	24.39	67.79	19.46	73.40	0	0.00	0.00	13.72	0.00	19.10	0	0.00	0.00	12.77	0.00	17.82
11	50.00	28.22	71.78	22.93	77.07	1	4.00	0.10	20.35	0.02	26.18	1	3.70	0.09	18.97	0.02	24.46

二项分布的置信区间（%）（N＝27～32）

置信限的计算方法及未包含在此表中的置信限的内插或外推计算方法见附录 2 和附录 3。

（续）

r	$P\left(\dfrac{r}{N}\times100\right)$	置信区间 95% 下限	95% 上限	99% 下限	99% 上限
		N＝27（续前）			
2	7.41	0.91	24.29	0.39	30.04
3	11.11	2.35	29.16	1.29	35.07
4	14.81	4.19	33.73	2.60	39.73
5	18.52	6.30	38.08	4.23	44.11
6	22.22	8.62	42.26	6.10	48.28
7	25.93	11.11	46.28	8.17	52.26
8	29.63	13.75	50.18	10.42	56.08
9	33.33	16.52	53.96	12.83	59.75
10	37.04	19.40	57.63	15.38	63.28
11	40.74	22.39	61.20	18.07	66.69
12	44.44	25.48	64.67	20.88	69.98
13	48.15	28.67	68.05	23.81	73.14
		N＝28			
0	0.00	0.00	12.34	0.00	17.24
1	3.57	0.09	18.35	0.02	23.69
2	7.14	0.88	23.50	0.38	29.11
3	10.71	2.27	28.23	1.24	33.99
4	14.29	4.03	32.67	2.51	38.53
5	17.86	6.06	36.89	4.07	42.80
6	21.43	8.30	40.95	5.86	46.87
7	25.00	10.69	44.87	7.86	50.76
8	28.57	13.22	48.67	10.02	54.49
9	32.14	15.88	52.35	12.32	58.08
10	35.71	18.64	55.94	14.77	61.55
11	39.29	21.50	59.42	17.33	64.90
12	42.86	24.46	62.82	20.02	68.14
13	46.43	27.51	66.13	22.82	71.26
14	50.00	30.65	69.35	25.72	74.28

r	$P\left(\dfrac{r}{N}\times100\right)$	置信区间 95% 下限	95% 上限	99% 下限	99% 上限
		N＝29			
0	0.00	0.00	11.94	0.00	16.70
1	3.45	0.09	17.76	0.02	22.96
2	6.90	0.85	22.77	0.36	28.23
3	10.34	2.19	27.35	1.20	32.98
4	13.79	3.89	31.66	2.42	37.40
5	17.24	5.85	35.77	3.92	41.57
6	20.69	7.99	39.72	5.65	45.54
7	24.14	10.30	43.54	7.56	49.33
8	27.59	12.73	47.24	9.64	52.99
9	31.03	15.28	50.83	11.85	56.51
10	34.48	17.94	54.33	14.20	59.91
11	37.93	20.69	57.74	16.66	63.20
12	41.38	23.52	61.06	19.23	66.38
13	44.83	26.45	64.31	21.91	69.46
14	48.28	29.45	67.47	24.69	72.43
		N＝30			
0	0.00	0.00	11.57	0.00	16.19
1	3.33	0.08	17.22	0.02	22.28
2	6.67	0.82	22.07	0.35	27.40
3	10.00	2.11	26.53	1.16	32.03
4	13.33	3.76	30.72	2.33	36.34
5	16.67	5.64	34.72	3.78	40.40
6	20.00	7.71	38.57	5.45	44.28
7	23.33	9.93	42.28	7.29	47.99
8	26.67	12.28	45.89	9.29	51.56
9	30.00	14.73	49.40	11.42	55.01
10	33.33	17.29	52.81	13.67	58.34
11	36.67	19.93	56.14	16.04	61.57
12	40.00	22.66	59.40	18.50	64.70

r	$P\left(\dfrac{r}{N}\times100\right)$	置信区间 95% 下限	95% 上限	99% 下限	99% 上限
		N＝30（续前）			
13	43.33	25.46	62.57	21.07	67.73
14	46.67	28.34	65.67	23.73	70.67
15	50.00	31.30	68.70	26.48	73.52
		N＝31			
0	0.00	0.00	11.22	0.00	15.71
1	3.23	0.08	16.70	0.02	21.63
2	6.45	0.79	21.42	0.34	26.62
3	9.68	2.04	25.75	1.12	31.13
4	12.90	3.63	29.83	2.25	35.33
5	16.13	5.45	33.73	3.65	39.30
6	19.35	7.45	37.47	5.26	43.08
7	22.58	9.59	41.10	7.04	46.71
8	25.81	11.86	44.61	8.96	50.21
9	29.03	14.22	48.04	11.02	53.58
10	32.26	16.68	51.37	13.18	56.85
11	35.48	19.23	54.63	15.46	60.02
12	38.71	21.85	57.81	17.83	63.09
13	41.94	24.55	60.92	20.29	66.08
14	45.16	27.32	63.97	22.85	68.98
15	48.39	30.15	66.94	25.49	71.79
		N＝32			
0	0.00	0.00	10.89	0.00	15.26
1	3.13	0.08	16.22	0.02	21.02
2	6.25	0.77	20.81	0.33	25.88
3	9.38	1.98	25.02	1.08	30.28
4	12.50	3.51	28.99	2.18	34.38
5	15.63	5.28	32.79	3.53	38.25
6	18.75	7.21	36.44	5.09	41.95
7	21.88	9.28	39.97	6.80	45.50

二项分布的置信区间（％）（N＝32～37）

置信限的计算方法及未包含在此表中的置信限的内插或外推计算方法见附录2和附录3。

（续）

r	P ($\frac{r}{N}\times100$)	95% 下限	95% 上限	99% 下限	99% 上限	r	P ($\frac{r}{N}\times100$)	95% 下限	95% 上限	99% 下限	99% 上限	r	P ($\frac{r}{N}\times100$)	95% 下限	95% 上限	99% 下限	99% 上限
N=32（续前）						N=34（续前）						N=35（续前）					
8	25.00	11.46	43.40	8.66	48.92	2	5.88	0.72	19.68	0.31	24.52	13	37.14	21.47	55.08	17.69	60.14
9	28.13	13.75	46.75	10.64	52.23	3	8.82	1.86	23.68	1.02	28.71	14	40.00	23.87	57.89	19.89	62.87
10	31.25	16.12	50.01	12.73	55.43	4	11.76	3.30	27.45	2.05	32.62	15	42.86	26.32	60.65	22.16	65.52
11	34.38	18.57	53.19	14.92	58.54	5	14.71	4.95	31.06	3.32	36.31	16	45.71	28.83	63.35	24.50	68.11
12	37.50	21.10	56.31	17.20	61.56	6	17.65	6.76	34.53	4.77	39.85	17	48.57	31.38	66.01	26.90	70.64
13	40.63	23.70	59.36	19.57	64.50	7	20.59	8.70	37.90	6.38	43.24	N=36					
14	43.75	26.36	62.34	22.03	67.35	8	23.53	10.75	41.17	8.11	46.52	0	0.00	0.00	9.74	0.00	13.69
15	46.88	29.09	65.26	24.56	70.13	9	26.47	12.88	44.36	9.96	49.70	1	2.78	0.07	14.53	0.01	18.89
16	50.00	31.89	68.11	27.18	72.82	10	29.41	15.10	47.48	11.91	52.78	2	5.56	0.68	18.66	0.29	23.30
N=33						11	32.35	17.39	50.53	13.95	55.78	3	8.33	1.75	22.47	0.96	27.29
0	0.00	0.00	10.58	0.00	14.83	12	35.29	19.75	53.51	16.07	58.69	4	11.11	3.11	26.06	1.93	31.02
1	3.03	0.08	15.76	0.02	20.44	13	38.24	22.17	56.44	18.28	61.53	5	13.89	4.67	29.50	3.12	34.56
2	6.06	0.74	20.23	0.32	25.18	14	41.18	24.65	59.30	20.56	64.30	6	16.67	6.37	32.81	4.49	37.94
3	9.09	1.92	24.33	1.05	29.47	15	44.12	27.19	62.11	22.91	67.00	7	19.44	8.19	36.02	6.00	41.20
4	12.12	3.40	28.20	2.11	33.47	16	47.06	29.78	64.87	25.33	69.62	8	22.22	10.12	39.15	7.63	44.35
5	15.15	5.11	31.90	3.42	37.26	17	50.00	32.43	67.57	27.82	72.18	9	25.00	12.12	42.20	9.36	47.40
6	18.18	6.98	35.46	4.92	40.87	N=35						10	27.78	14.20	45.19	11.19	50.37
7	21.21	8.98	38.91	6.58	44.34	0	0.00	0.00	10.00	0.00	14.05	11	30.56	16.35	48.11	13.10	53.25
8	24.24	11.09	42.26	8.38	47.69	1	2.86	0.07	14.92	0.01	19.38	12	33.33	18.56	50.97	15.09	56.07
9	27.27	13.30	45.52	10.29	50.93	2	5.71	0.70	19.16	0.30	23.89	13	36.11	20.82	53.78	17.14	58.81
10	30.30	15.59	48.71	12.31	54.08	3	8.57	1.80	23.06	0.99	27.98	14	38.89	23.14	56.54	19.27	61.49
11	33.33	17.96	51.83	14.42	57.13	4	11.43	3.20	26.74	1.99	31.80	15	41.67	25.51	59.24	21.46	64.11
12	36.36	20.40	54.88	16.62	60.10	5	14.29	4.81	30.26	3.22	35.42	16	44.44	27.94	61.90	23.72	66.66
13	39.39	22.91	57.86	18.90	62.98	6	17.14	6.56	33.65	4.63	38.87	17	47.22	30.41	64.51	26.03	69.16
14	42.42	25.48	60.78	21.27	65.79	7	20.00	8.44	36.94	6.18	42.20	18	50.00	32.92	67.08	28.41	71.59
15	45.45	28.11	63.65	23.71	68.53	8	22.86	10.42	40.14	7.86	45.41	N=37					
16	48.48	30.80	66.46	26.22	71.19	9	25.71	12.49	43.26	9.65	48.52	0	0.00	0.00	9.49	0.00	13.34
N=34						10	28.57	14.64	46.30	11.54	51.55	1	2.70	0.07	14.16	0.01	18.42
0	0.00	0.00	10.28	0.00	14.43	11	31.43	16.85	49.29	13.51	54.49	2	5.41	0.66	18.19	0.28	22.73
1	2.94	0.07	15.33	0.01	19.90	12	34.29	19.13	52.21	15.56	57.35	3	8.11	1.70	21.91	0.93	26.63

二项分布的置信区间（％）（$N=37\sim41$）

置信限的计算方法及未包含在此表中的置信限的内插或外推计算方法见附录2和附录3。

（续）

r	$P\left(\dfrac{r}{N}\times100\right)$	置信区间 95% 下限	95% 上限	99% 下限	99% 上限
		$N=37$（续前）			
4	10.81	3.03	25.42	1.88	30.28
5	13.51	4.54	28.77	3.04	33.75
6	16.22	6.19	32.01	4.36	37.06
7	18.92	7.96	35.16	5.83	40.25
8	21.62	9.83	38.21	7.41	43.33
9	24.32	11.77	41.20	9.09	46.33
10	27.03	13.79	44.12	10.86	49.24
11	29.73	15.87	46.98	12.71	52.07
12	32.43	18.01	49.79	14.64	54.83
13	35.14	20.21	52.54	16.63	57.53
14	37.84	22.46	55.24	18.69	60.17
15	40.54	24.75	57.90	20.81	62.75
16	43.24	27.10	60.51	22.99	65.26
17	45.95	29.49	63.08	25.22	67.73
18	48.65	31.92	65.60	27.52	70.13
		$N=38$			
0	0.00	0.00	9.25	0.00	13.01
1	2.63	0.07	13.81	0.01	17.98
2	5.26	0.64	17.75	0.28	22.19
3	7.89	1.66	21.38	0.91	26.01
4	10.53	2.94	24.80	1.83	29.58
5	13.16	4.41	28.09	2.95	32.97
6	15.79	6.02	31.25	4.24	36.21
7	18.42	7.74	34.33	5.67	39.34
8	21.05	9.55	37.32	7.20	42.36
9	23.68	11.44	40.24	8.83	45.30
10	26.32	13.40	43.10	10.55	48.15
11	28.95	15.42	45.90	12.35	50.94
12	31.58	17.50	48.65	14.21	53.65
13	34.21	19.63	51.35	16.14	56.31

r	$P\left(\dfrac{r}{N}\times100\right)$	置信区间 95% 下限	95% 上限	99% 下限	99% 上限
		$N=38$（续前）			
14	36.84	21.81	54.01	18.14	58.90
15	39.47	24.04	56.61	20.19	61.44
16	42.11	26.31	59.18	22.30	63.92
17	44.74	28.62	61.70	24.47	66.35
18	47.37	30.98	64.18	26.68	68.72
19	50.00	33.38	66.62	28.95	71.05
		$N=39$			
0	0.00	0.00	9.03	0.00	12.70
1	2.56	0.06	13.48	0.01	17.56
2	5.13	0.63	17.32	0.27	21.67
3	7.69	1.62	20.87	0.89	25.41
4	10.26	2.87	24.22	1.78	28.91
5	12.82	4.30	27.43	2.87	32.22
6	15.38	5.86	30.53	4.13	35.40
7	17.95	7.54	33.53	5.51	38.47
8	20.51	9.30	36.46	7.00	41.43
9	23.08	11.13	39.33	8.59	44.31
10	25.64	13.04	42.13	10.26	47.12
11	28.21	15.00	44.87	12.00	49.85
12	30.77	17.02	47.57	13.81	52.52
13	33.33	19.09	50.22	15.69	55.13
14	35.90	21.20	52.82	17.62	57.68
15	38.46	23.36	55.38	19.61	60.18
16	41.03	25.57	57.90	21.66	62.62
17	43.59	27.81	60.38	23.75	65.02
18	46.15	30.09	62.82	25.90	67.36
19	48.72	32.42	65.22	28.10	69.66
		$N=40$			
0	0.00	0.00	8.81	0.00	12.41
1	2.50	0.06	13.16	0.01	17.15

r	$P\left(\dfrac{r}{N}\times100\right)$	置信区间 95% 下限	95% 上限	99% 下限	99% 上限
		$N=40$（续前）			
2	5.00	0.61	16.92	0.26	21.18
3	7.50	1.57	20.39	0.86	24.84
4	10.00	2.79	23.66	1.73	28.26
5	12.50	4.19	26.80	2.80	31.51
6	15.00	5.71	29.84	4.02	34.63
7	17.50	7.34	32.78	5.37	37.63
8	20.00	9.05	35.65	6.82	40.54
9	22.50	10.84	38.45	8.36	43.37
10	25.00	12.69	41.20	9.98	46.12
11	27.50	14.60	43.89	11.68	48.81
12	30.00	16.56	46.53	13.44	51.43
13	32.50	18.57	49.13	15.26	54.00
14	35.00	20.63	51.68	17.13	56.51
15	37.50	22.73	54.20	19.06	58.97
16	40.00	24.87	56.67	21.05	61.38
17	42.50	27.04	59.11	23.08	63.74
18	45.00	29.26	61.51	25.16	66.05
19	47.50	31.51	63.87	27.29	68.32
20	50.00	33.80	66.20	29.46	70.54
		$N=41$			
0	0.00	0.00	8.60	0.00	12.12
1	2.44	0.06	12.86	0.01	16.77
2	4.88	0.60	16.53	0.26	20.71
3	7.32	1.54	19.92	0.84	24.29
4	9.76	2.72	23.13	1.69	27.65
5	12.20	4.08	26.20	2.73	30.83
6	14.63	5.57	29.17	3.92	33.89
7	17.07	7.15	32.06	5.23	36.83
8	19.51	8.82	34.87	6.64	39.69
9	21.95	10.56	37.61	8.14	42.46

二项分布的置信区间（％）（N＝41～45）

　　置信限的计算方法及未包含在此表中的置信限的内插或外推计算方法见附录2和附录3。

（续）

r	$P\left(\dfrac{r}{N}\times100\right)$	置信区间 95% 下限	95% 上限	99% 下限	99% 上限	r	$P\left(\dfrac{r}{N}\times100\right)$	95% 下限	95% 上限	99% 下限	99% 上限	r	$P\left(\dfrac{r}{N}\times100\right)$	95% 下限	95% 上限	99% 下限	99% 上限
N=41（续前）						**N=42（续前）**						**N=44（续前）**					
10	24.39	12.36	40.30	9.72	45.17	18	42.86	27.72	59.04	23.80	63.56	2	4.55	0.56	15.47	0.24	19.41
11	26.83	14.22	42.94	11.37	47.81	19	45.24	29.85	61.33	25.80	65.77	3	6.82	1.43	18.66	0.78	22.79
12	29.27	16.13	45.54	13.08	50.38	20	47.62	32.00	63.58	27.85	67.94	4	9.09	2.53	21.67	1.57	25.95
13	31.71	18.08	48.09	14.85	52.91	21	50.00	34.19	65.81	29.93	70.07	5	11.36	3.79	24.56	2.54	28.95
14	34.15	20.08	50.59	16.67	55.38	**N=43**						6	13.64	5.17	27.35	3.64	31.84
15	36.59	22.12	53.06	18.55	57.80	0	0.00	0.00	8.22	0.00	11.59	7	15.91	6.64	30.07	4.85	34.63
16	39.02	24.20	55.50	20.47	60.17	1	2.33	0.06	12.29	0.01	16.04	8	18.18	8.19	32.71	6.16	37.33
17	41.46	26.32	57.89	22.44	62.50	2	4.65	0.57	15.81	0.24	19.82	9	20.45	9.80	35.30	7.55	39.96
18	43.90	28.47	60.25	24.46	64.78	3	6.98	1.46	19.06	0.80	23.27	10	22.73	11.47	37.84	9.01	42.52
19	46.34	30.66	62.58	26.52	67.02	4	9.30	2.59	22.14	1.61	26.49	11	25.00	13.19	40.34	10.53	45.03
20	48.78	32.88	64.87	28.63	69.22	5	11.63	3.89	25.08	2.60	29.55	12	27.27	14.96	42.79	12.11	47.48
N=42						6	13.95	5.30	27.93	3.73	32.49	13	29.55	16.76	45.20	13.74	49.88
0	0.00	0.00	8.41	0.00	11.85	7	16.28	6.81	30.70	4.97	35.33	14	31.82	18.61	47.58	15.43	52.24
1	2.38	0.06	12.57	0.01	16.40	8	18.60	8.39	33.40	6.32	38.08	15	34.09	20.49	49.92	17.15	54.55
2	4.76	0.58	16.16	0.25	20.26	9	20.93	10.04	36.04	7.74	40.76	16	36.36	22.41	52.23	18.92	56.82
3	7.14	1.50	19.48	0.82	23.77	10	23.26	11.76	38.63	9.24	43.37	17	38.64	24.36	54.50	20.73	59.05
4	9.52	2.66	22.62	1.65	27.05	11	25.58	13.52	41.17	10.80	45.92	18	40.91	26.34	56.75	22.59	61.24
5	11.90	3.98	25.63	2.66	30.18	12	27.91	15.33	43.67	12.42	48.41	19	43.18	28.35	58.97	24.48	63.39
6	14.29	5.43	28.54	3.82	33.18	13	30.23	17.18	46.13	14.09	50.85	20	45.45	30.39	61.15	26.41	65.51
7	16.67	6.97	31.36	5.10	36.07	14	32.56	19.08	48.54	15.82	53.25	21	47.73	32.46	63.31	28.37	67.58
8	19.05	8.60	34.12	6.47	38.87	15	34.88	21.01	50.93	17.59	55.59	22	50.00	34.56	65.44	30.38	69.62
9	21.43	10.30	36.81	7.94	41.59	16	37.21	22.98	53.27	19.41	57.90	**N=45**					
10	23.81	12.05	39.45	9.47	44.25	17	39.53	24.98	55.59	21.27	60.16	0	0.00	0.00	7.87	0.00	11.11
11	26.19	13.86	42.04	11.08	46.84	18	41.86	27.01	57.87	23.18	62.38	1	2.22	0.06	11.77	0.01	15.38
12	28.57	15.72	44.58	12.74	49.38	19	44.19	29.08	60.12	25.12	64.56	2	4.44	0.54	15.15	0.23	19.01
13	30.95	17.62	47.09	14.46	51.86	20	46.51	31.18	62.35	27.11	66.70	3	6.67	1.40	18.27	0.77	22.32
14	33.33	19.57	49.55	16.23	54.29	21	48.84	33.31	64.54	29.13	68.80	4	8.89	2.48	21.22	1.53	25.43
15	35.71	21.55	51.97	18.06	56.68	**N=44**						5	11.11	3.71	24.05	2.48	28.38
16	38.10	23.57	54.36	19.93	59.02	0	0.00	0.00	8.04	0.00	11.34	6	13.33	5.05	26.79	3.56	31.21
17	40.48	25.63	56.72	21.84	61.31	1	2.27	0.06	12.02	0.01	15.70	7	15.56	6.49	29.46	4.74	33.95

二项分布的置信区间（％）（N＝45～48）

置信限的计算方法及未包含在此表中的置信限的内插或外推计算方法见附录2和附录3。

（续）

r	$P\left(\frac{r}{N}\times100\right)$	95% 下限	95% 上限	99% 下限	99% 上限	r	$P\left(\frac{r}{N}\times100\right)$	95% 下限	95% 上限	99% 下限	99% 上限	r	$P\left(\frac{r}{N}\times100\right)$	95% 下限	95% 上限	99% 下限	99% 上限
	N=45（续前）						N=46（续前）						N=47（续前）				
8	17.78	8.00	32.05	6.02	36.60	14	30.43	17.74	45.75	14.69	50.33	19	40.43	26.37	55.73	22.73	60.11
9	20.00	9.58	34.60	7.37	39.18	15	32.61	19.53	48.02	16.33	52.57	20	42.55	28.26	57.82	24.51	62.14
10	22.22	11.20	37.09	8.80	41.71	16	34.78	21.35	50.25	18.01	54.77	21	44.68	30.17	59.88	26.32	64.14
11	24.44	12.88	39.54	10.28	44.17	17	36.96	23.21	52.45	19.73	56.94	22	46.81	32.11	61.92	28.16	66.11
12	26.67	14.60	41.94	11.82	46.58	18	39.13	25.09	54.63	21.49	59.07	23	48.94	34.08	63.94	30.04	68.05
13	28.89	16.37	44.31	13.41	48.95	19	41.30	27.00	56.77	23.28	61.16		N=48				
14	31.11	18.17	46.65	15.05	51.27	20	43.48	28.93	58.89	25.11	63.23	0	0.00	0.00	7.40	0.00	10.45
15	33.33	20.00	48.95	16.73	53.54	21	45.65	30.90	60.99	26.97	65.25	1	2.08	0.05	11.07	0.01	14.48
16	35.56	21.87	51.22	18.46	55.78	22	47.83	32.89	63.05	28.86	67.25	2	4.17	0.51	14.25	0.22	17.91
17	37.78	23.77	53.46	20.22	57.98	23	50.00	34.90	65.10	30.79	69.21	3	6.25	1.31	17.20	0.72	21.05
18	40.00	25.70	55.67	22.02	60.14		N=47					4	8.33	2.32	19.98	1.44	23.98
19	42.22	27.66	57.85	23.86	62.26	0	0.00	0.00	7.55	0.00	10.66	5	10.42	3.47	22.66	2.32	26.78
20	44.44	29.64	60.00	25.74	64.35	1	2.13	0.05	11.29	0.01	14.77	6	12.50	4.73	25.25	3.32	29.46
21	46.67	31.66	62.13	27.65	66.40	2	4.26	0.52	14.54	0.22	18.27	7	14.58	6.07	27.76	4.43	32.06
22	48.89	33.70	64.23	29.60	68.42	3	6.38	1.34	17.54	0.73	21.45	8	16.67	7.48	30.22	5.62	34.58
	N=46					4	8.51	2.37	20.38	1.47	24.44	9	18.75	8.95	32.63	6.89	37.03
0	0.00	0.00	7.71	0.00	10.88	5	10.64	3.55	23.10	2.37	27.29	10	20.83	10.47	34.99	8.21	39.43
1	2.17	0.06	11.53	0.01	15.07	6	12.77	4.83	25.74	3.40	30.02	11	22.92	12.03	37.31	9.59	41.78
2	4.35	0.53	14.84	0.23	18.63	7	14.89	6.20	28.31	4.53	32.66	12	25.00	13.64	39.60	11.03	44.08
3	6.52	1.37	17.90	0.75	21.88	8	17.02	7.65	30.81	5.75	35.23	13	27.08	15.28	41.85	12.51	46.33
4	8.70	2.42	20.79	1.50	24.93	9	19.15	9.15	33.26	7.04	37.73	14	29.17	16.95	44.06	14.03	48.55
5	10.87	3.62	23.57	2.42	27.82	10	21.28	10.70	35.66	8.40	40.16	15	31.25	18.66	46.25	15.59	50.72
6	13.04	4.94	26.26	3.47	30.60	11	23.40	12.30	38.03	9.81	42.55	16	33.33	20.40	48.41	17.19	52.86
7	15.22	6.34	28.87	4.63	33.29	12	25.53	13.94	40.35	11.28	44.88	17	35.42	22.16	50.54	18.83	54.97
8	17.39	7.82	31.42	5.88	35.90	13	27.66	15.62	42.64	12.79	47.17	18	37.50	23.95	52.65	20.50	57.04
9	19.57	9.36	33.91	7.20	38.44	14	29.79	17.34	44.89	14.35	49.42	19	39.58	25.77	54.73	22.20	59.08
10	21.74	10.95	36.36	8.59	40.92	15	31.91	19.09	47.12	15.95	51.63	20	41.67	27.61	56.79	23.93	61.09
11	23.91	12.59	38.77	10.04	43.34	16	34.04	20.86	49.31	17.59	53.80	21	43.75	29.48	58.82	25.70	63.07
12	26.09	14.27	41.13	11.54	45.72	17	36.17	22.67	51.48	19.27	55.94	22	45.83	31.37	60.83	27.50	65.01
13	28.26	15.99	43.46	13.10	48.04	18	38.30	24.51	53.62	20.98	58.04	23	47.92	33.29	62.81	29.33	66.93

二项分布的置信区间（％）（N＝49～52）

置信限的计算方法及未包含在此表中的置信限的内插或外推计算方法见附录2和附录3。

(续)

r	$P\left(\frac{r}{N}\times100\right)$	95%下限	95%上限	99%下限	99%上限	r	$P\left(\frac{r}{N}\times100\right)$	95%下限	95%上限	99%下限	99%上限	r	$P\left(\frac{r}{N}\times100\right)$	95%下限	95%上限	99%下限	99%上限
N=48（续前）						N=50（续前）						N=51（续前）					
24	50.00	35.23	64.77	31.18	68.82	2	4.00	0.49	13.71	0.21	17.25	5	9.80	3.26	21.41	2.18	25.35
N=49						3	6.00	1.25	16.55	0.69	20.27	6	11.76	4.44	23.87	3.12	27.90
0	0.00	0.00	7.25	0.00	10.25	4	8.00	2.22	19.23	1.38	23.11	7	13.73	5.70	26.26	4.16	30.37
1	2.04	0.05	10.85	0.01	14.21	5	10.00	3.33	21.81	2.22	25.80	8	15.69	7.02	28.59	5.28	32.77
2	4.08	0.50	13.98	0.21	17.58	6	12.00	4.53	24.31	3.19	28.40	9	17.65	8.40	30.87	6.46	35.11
3	6.12	1.28	16.87	0.70	20.65	7	14.00	5.82	26.74	4.25	30.91	10	19.61	9.82	33.12	7.70	37.39
4	8.16	2.27	19.60	1.41	23.53	8	16.00	7.17	29.11	5.39	33.35	11	21.57	11.29	35.32	8.99	39.63
5	10.20	3.40	22.23	2.27	26.28	9	18.00	8.58	31.44	6.60	35.73	12	23.53	12.79	37.49	10.33	41.82
6	12.24	4.63	24.77	3.25	28.92	10	20.00	10.03	33.72	7.86	38.05	13	25.49	14.33	39.63	11.72	43.98
7	14.29	5.94	27.24	4.34	31.47	11	22.00	11.53	35.96	9.19	40.32	14	27.45	15.89	41.74	13.14	46.10
8	16.33	7.32	29.66	5.50	33.95	12	24.00	13.06	38.17	10.56	42.55	15	29.41	17.49	43.83	14.59	48.18
9	18.37	8.76	32.02	6.74	36.37	13	26.00	14.63	40.34	11.97	44.74	16	31.37	19.11	45.89	16.09	50.23
10	20.41	10.24	34.34	8.03	38.73	14	28.00	16.23	42.49	13.42	46.89	17	33.33	20.76	47.92	17.61	52.25
11	22.45	11.77	36.62	9.39	41.04	15	30.00	17.86	44.61	14.91	49.00	18	35.29	22.43	49.93	19.17	54.23
12	24.49	13.34	38.87	10.79	43.30	16	32.00	19.52	46.70	16.44	51.08	19	37.25	24.13	51.92	20.75	56.19
13	26.53	14.95	41.08	12.23	45.52	17	34.00	21.21	48.77	18.00	53.12	20	39.22	25.84	53.89	22.37	58.13
14	28.57	16.58	43.26	13.72	47.70	18	36.00	22.92	50.81	19.59	55.14	21	41.18	27.58	55.83	24.01	60.03
15	30.61	18.25	45.42	15.24	49.85	19	38.00	24.65	52.83	21.21	57.13	22	43.14	29.35	57.75	25.68	61.91
16	32.65	19.95	47.54	16.81	51.96	20	40.00	26.41	54.82	22.87	59.08	23	45.10	31.13	59.66	27.37	63.76
17	34.69	21.67	49.64	18.40	54.03	21	42.00	28.19	56.79	24.55	61.01	24	47.06	32.93	61.54	29.10	65.58
18	36.73	23.42	51.71	20.03	56.07	22	44.00	29.99	58.75	26.26	62.91	25	49.02	34.75	63.40	30.84	67.38
19	38.78	25.20	53.76	21.69	58.09	23	46.00	31.81	60.68	27.99	64.78	N=52					
20	40.82	27.00	55.79	23.39	60.07	24	48.00	33.66	62.58	29.76	66.63	0	0.00	0.00	6.85	0.00	9.69
21	42.86	28.82	57.79	25.11	62.02	25	50.00	35.53	64.47	31.55	68.45	1	1.92	0.05	10.26	0.01	13.44
22	44.90	30.67	59.77	26.86	63.95	N=51						2	3.85	0.47	13.21	0.20	16.63
23	46.94	32.53	61.73	28.64	65.84	0	0.00	0.00	6.98	0.00	9.87	3	5.77	1.21	15.95	0.66	19.55
24	48.98	34.42	63.66	30.45	67.71	1	1.96	0.05	10.45	0.01	13.68	4	7.69	2.14	18.54	1.32	22.29
N=50						2	3.92	0.48	13.46	0.20	16.94	5	9.62	3.20	21.03	2.13	24.90
0	0.00	0.00	7.11	0.00	10.05	3	5.88	1.23	16.24	0.67	19.90	6	11.54	4.35	23.44	3.06	27.41
1	2.00	0.05	10.65	0.01	13.94	4	7.84	2.18	18.88	1.35	22.69	7	13.46	5.59	25.79	4.08	29.84

二项分布的置信区间（％）（$N=52\sim55$）

置信限的计算方法及未包含在此表中的置信限的内插或外推计算方法见附录2和附录3。

（续）

r	$P\left(\dfrac{r}{N}\times100\right)$	置信区间 95% 下限	上限	99% 下限	上限
		N=52（续前）			
8	15.38	6.88	28.08	5.17	32.20
9	17.31	8.23	30.33	6.33	34.51
10	19.23	9.63	32.53	7.54	36.76
11	21.15	11.06	34.70	8.81	38.96
12	23.08	12.53	36.84	10.12	41.12
13	25.00	14.03	38.95	11.47	43.24
14	26.92	15.57	41.02	12.86	45.33
15	28.85	17.13	43.08	14.29	47.38
16	30.77	18.72	45.10	15.75	49.40
17	32.69	20.33	47.11	17.24	51.39
18	34.62	21.97	49.09	18.76	53.36
19	36.54	23.62	51.04	20.31	55.29
20	38.46	25.30	52.98	21.89	57.20
21	40.38	27.01	54.90	23.49	59.08
22	42.31	28.73	56.80	25.12	60.93
23	44.23	30.47	58.67	26.78	62.76
24	46.15	32.23	60.53	28.46	64.57
25	48.08	34.01	62.37	30.17	66.35
26	50.00	35.81	64.19	31.90	68.10
		N=53			
0	0.00	0.00	6.72	0.00	9.51
1	1.89	0.05	10.07	0.01	13.20
2	3.77	0.46	12.98	0.20	16.34
3	5.66	1.18	15.66	0.65	19.21
4	7.55	2.09	18.21	1.30	21.90
5	9.43	3.13	20.66	2.09	24.47
6	11.32	4.27	23.03	3.00	26.94
7	13.21	5.48	25.34	4.00	29.33
8	15.09	6.75	27.59	5.07	31.66
9	16.98	8.07	29.80	6.20	33.93

r	$P\left(\dfrac{r}{N}\times100\right)$	置信区间 95% 下限	上限	99% 下限	上限
		N=53（续前）			
10	18.87	9.44	31.97	7.39	36.14
11	20.75	10.84	34.11	8.63	38.31
12	22.64	12.28	36.21	9.92	40.44
13	24.53	13.76	38.28	11.24	42.53
14	26.42	15.26	40.33	12.60	44.59
15	28.30	16.79	42.35	14.00	46.61
16	30.19	18.34	44.34	15.43	48.61
17	32.08	19.92	46.32	16.89	50.57
18	33.96	21.52	48.27	18.37	52.51
19	35.85	23.14	50.20	19.89	54.41
20	37.74	24.79	52.11	21.43	56.30
21	39.62	26.45	54.00	23.00	58.15
22	41.51	28.14	55.87	24.59	59.99
23	43.40	29.84	57.72	26.21	61.79
24	45.28	31.56	59.55	27.86	63.58
25	47.17	33.30	61.36	29.52	65.34
26	49.06	35.06	63.16	31.21	67.07
		N=54			
0	0.00	0.00	6.60	0.00	9.35
1	1.85	0.05	9.89	0.01	12.97
2	3.70	0.45	12.75	0.19	16.06
3	5.56	1.16	15.39	0.64	18.88
4	7.41	2.06	17.89	1.27	21.53
5	9.26	3.08	20.30	2.05	24.06
6	11.11	4.19	22.63	2.94	26.49
7	12.96	5.37	24.90	3.92	28.84
8	14.81	6.62	27.12	4.97	31.13
9	16.67	7.92	29.29	6.08	33.36
10	18.52	9.25	31.43	7.25	35.55
11	20.37	10.63	33.53	8.46	37.69

r	$P\left(\dfrac{r}{N}\times100\right)$	置信区间 95% 下限	上限	99% 下限	上限
		N=54（续前）			
12	22.22	12.04	35.60	9.72	39.78
13	24.07	13.49	37.64	11.02	41.85
14	25.93	14.96	39.65	12.35	43.87
15	27.78	16.46	41.64	13.72	45.87
16	29.63	17.98	43.61	15.12	47.83
17	31.48	19.52	45.55	16.55	49.77
18	33.33	21.09	47.47	18.00	51.68
19	35.19	22.68	49.38	19.48	53.56
20	37.04	24.29	51.26	20.99	55.42
21	38.89	25.92	53.12	22.53	57.26
22	40.74	27.57	54.97	24.09	59.07
23	42.59	29.23	56.79	25.67	60.85
24	44.44	30.92	58.60	27.27	62.62
25	46.30	32.62	60.39	28.90	64.36
26	48.15	34.34	62.16	30.55	66.08
27	50.00	36.08	63.92	32.23	67.77
		N=55			
0	0.00	0.00	6.49	0.00	9.18
1	1.82	0.05	9.72	0.01	12.75
2	3.64	0.44	12.53	0.19	15.79
3	5.45	1.14	15.12	0.62	18.56
4	7.27	2.02	17.59	1.25	21.17
5	9.09	3.02	19.95	2.01	23.66
6	10.91	4.11	22.25	2.89	26.05
7	12.73	5.27	24.48	3.85	28.37
8	14.55	6.50	26.66	4.88	30.62
9	16.36	7.77	28.80	5.97	32.82
10	18.18	9.08	30.90	7.11	34.97
11	20.00	10.43	32.97	8.30	37.08
12	21.82	11.81	35.01	9.53	39.15

二项分布的置信区间（％）（$N=55\sim58$）

置信限的计算方法及未包含在此表中的置信限的内插或外推计算方法见附录2和附录3。

（续）

r	$P\left(\dfrac{r}{N}\times100\right)$	95% 下限	95% 上限	99% 下限	99% 上限	r	$P\left(\dfrac{r}{N}\times100\right)$	95% 下限	95% 上限	99% 下限	99% 上限	r	$P\left(\dfrac{r}{N}\times100\right)$	95% 下限	95% 上限	99% 下限	99% 上限
	$N=55$（续前）						$N=56$（续前）						$N=57$（续前）				
13	23.64	13.23	37.02	10.81	41.18	14	25.00	14.39	38.37	11.88	42.50	14	24.56	14.13	37.76	11.66	41.85
14	25.45	14.67	39.00	12.11	43.18	15	26.79	15.83	40.30	13.19	44.45	15	26.32	15.54	39.66	12.94	43.77
15	27.27	16.14	40.96	13.45	45.15	16	28.57	17.30	42.21	14.53	46.36	16	28.07	16.97	41.54	14.26	45.65
16	29.09	17.63	42.90	14.82	47.08	17	30.36	18.78	44.10	15.90	48.24	17	29.82	18.43	43.40	15.60	47.51
17	30.91	19.14	44.81	16.22	49.00	18	32.14	20.29	45.96	17.30	50.10	18	31.58	19.90	45.24	16.97	49.35
18	32.73	20.68	46.71	17.64	50.88	19	33.93	21.81	47.81	18.72	51.94	19	33.33	21.40	47.06	18.36	51.16
19	34.55	22.24	48.58	19.10	52.74	20	35.71	23.36	49.64	20.17	53.75	20	35.09	22.91	48.87	19.78	52.95
20	36.36	23.81	50.44	20.57	54.57	21	37.50	24.92	51.45	21.64	55.54	21	36.84	24.45	50.66	21.22	54.72
21	38.18	25.41	52.27	22.07	56.39	22	39.29	26.50	53.25	23.13	57.31	22	38.60	26.00	52.43	22.68	56.46
22	40.00	27.02	54.09	23.60	58.17	23	41.07	28.10	55.02	24.65	59.05	23	40.35	27.56	54.18	24.17	58.19
23	41.82	28.65	55.89	25.15	59.94	24	42.86	29.71	56.78	26.18	60.77	24	42.11	29.14	55.92	25.67	59.89
24	43.64	30.30	57.68	26.72	61.68	25	44.64	31.34	58.53	27.74	62.48	25	43.86	30.74	57.64	27.20	61.57
25	45.45	31.97	59.45	28.31	63.40	26	46.43	32.99	60.26	29.32	64.16	26	45.61	32.36	59.34	28.74	63.24
26	47.27	33.65	61.20	29.92	65.10	27	48.21	34.66	61.97	30.92	65.82	27	47.37	33.98	61.03	30.31	64.88
27	49.09	35.35	62.93	31.56	66.78	28	50.00	36.34	63.66	32.54	67.46	28	49.12	35.63	62.71	31.89	66.51
	$N=56$						$N=57$						$N=58$				
0	0.00	0.00	6.38	0.00	9.03	0	0.00	0.00	6.27	0.00	8.88	0	0.00	0.00	6.16	0.00	8.73
1	1.79	0.05	9.55	0.01	12.53	1	1.75	0.04	9.39	0.01	12.32	1	1.72	0.04	9.24	0.01	12.12
2	3.57	0.44	12.31	0.19	15.52	2	3.51	0.43	12.11	0.18	15.27	2	3.45	0.42	11.91	0.18	15.02
3	5.36	1.12	14.87	0.61	18.25	3	5.26	1.10	14.62	0.60	17.96	3	5.17	1.08	14.38	0.59	17.67
4	7.14	1.98	17.29	1.23	20.82	4	7.02	1.95	17.00	1.20	20.48	4	6.90	1.91	16.73	1.18	20.16
5	8.93	2.96	19.62	1.98	23.27	5	8.77	2.91	19.30	1.94	22.90	5	8.62	2.86	18.98	1.91	22.53
6	10.71	4.03	21.88	2.83	25.63	6	10.53	3.96	21.52	2.78	25.22	6	10.34	3.89	21.17	2.73	24.82
7	12.50	5.18	24.07	3.77	27.91	7	12.28	5.08	23.68	3.71	27.47	7	12.07	4.99	23.30	3.64	27.03
8	14.29	6.38	26.22	4.79	30.13	8	14.04	6.26	25.79	4.70	29.65	8	13.79	6.15	25.38	4.61	29.19
9	16.07	7.62	28.33	5.86	32.30	9	15.79	7.48	27.87	5.75	31.79	9	15.52	7.35	27.42	5.64	31.29
10	17.86	8.91	30.40	6.98	34.42	10	17.54	8.75	29.91	6.85	33.88	10	17.24	8.59	29.43	6.72	33.35
11	19.64	10.23	32.43	8.14	36.49	11	19.30	10.05	31.91	7.99	35.92	11	18.97	9.87	31.41	7.85	35.37
12	21.43	11.59	34.44	9.35	38.53	12	21.05	11.38	33.89	9.18	37.93	12	20.69	11.17	33.35	9.01	37.35
13	23.21	12.98	36.42	10.60	40.53	13	22.81	12.74	35.84	10.40	39.91	13	22.41	12.51	35.27	10.21	39.30

二项分布的置信区间（％）（$N＝58～61$）

置信限的计算方法及未包含在此表中的置信限的内插或外推计算方法见附录 2 和附录 3。

（续）

$N=58$（续前）

r	$P\left(\frac{r}{N}\times100\right)$	95% 下限	95% 上限	99% 下限	99% 上限
14	24.14	13.87	37.17	11.44	41.22
15	25.86	15.26	39.04	12.70	43.11
16	27.59	16.66	40.90	13.99	44.97
17	29.31	18.09	42.73	15.31	46.80
18	31.03	19.54	44.54	16.65	48.62
19	32.76	21.01	46.34	18.02	50.41
20	34.48	22.49	48.12	19.41	52.17
21	36.21	23.99	49.88	20.82	53.92
22	37.93	25.51	51.63	22.25	55.64
23	39.66	27.05	53.36	23.70	57.35
24	41.38	28.60	55.07	25.18	59.03
25	43.10	30.16	56.77	26.67	60.70
26	44.83	31.74	58.46	28.18	62.34
27	46.55	33.34	60.13	29.72	63.97
28	48.28	34.95	61.78	31.27	65.57
29	50.00	36.58	63.42	32.84	67.16

$N=59$

r	$P\left(\frac{r}{N}\times100\right)$	95% 下限	95% 上限	99% 下限	99% 上限
0	0.00	0.00	6.06	0.00	8.59
1	1.69	0.04	9.09	0.01	11.93
2	3.39	0.41	11.71	0.18	14.78
3	5.08	1.06	14.15	0.58	17.39
4	6.78	1.88	16.46	1.16	19.84
5	8.47	2.81	18.68	1.87	22.18
6	10.17	3.82	20.83	2.69	24.43
7	11.86	4.91	22.93	3.58	26.62
8	13.56	6.04	24.98	4.53	28.74
9	15.25	7.22	26.99	5.54	30.82
10	16.95	8.44	28.97	6.60	32.84
11	18.64	9.69	30.91	7.71	34.83
12	20.34	10.98	32.83	8.85	36.79

$N=59$（续前）

r	$P\left(\frac{r}{N}\times100\right)$	95% 下限	95% 上限	99% 下限	99% 上限
13	22.03	12.29	34.73	10.03	38.71
14	23.73	13.62	36.59	11.24	40.60
15	25.42	14.98	38.44	12.47	42.47
16	27.12	16.36	40.27	13.74	44.30
17	28.81	17.76	42.08	15.03	46.12
18	30.51	19.19	43.87	16.35	47.91
19	32.20	20.62	45.64	17.69	49.67
20	33.90	22.08	47.39	19.05	51.42
21	35.59	23.55	49.13	20.43	53.14
22	37.29	25.04	50.85	21.84	54.85
23	38.98	26.55	52.56	23.26	56.53
24	40.68	28.07	54.25	24.70	58.19
25	42.37	29.61	55.93	26.17	59.84
26	44.07	31.16	57.60	27.65	61.47
27	45.76	32.72	59.25	29.15	63.08
28	47.46	34.30	60.88	30.67	64.67
29	49.15	35.89	62.50	32.20	66.24

$N=60$

r	$P\left(\frac{r}{N}\times100\right)$	95% 下限	95% 上限	99% 下限	99% 上限
0	0.00	0.00	5.96	0.00	8.45
1	1.67	0.04	8.94	0.01	11.74
2	3.33	0.41	11.53	0.17	14.55
3	5.00	1.04	13.92	0.57	17.12
4	6.67	1.85	16.20	1.14	19.53
5	8.33	2.76	18.39	1.84	21.84
6	10.00	3.76	20.51	2.64	24.06
7	11.67	4.82	22.57	3.51	26.21
8	13.33	5.94	24.59	4.45	28.31
9	15.00	7.10	26.57	5.45	30.35
10	16.67	8.29	28.52	6.49	32.35
11	18.33	9.52	30.44	7.57	34.31

$N=60$（续前）

r	$P\left(\frac{r}{N}\times100\right)$	95% 下限	95% 上限	99% 下限	99% 上限
12	20.00	10.78	32.33	8.69	36.24
13	21.67	12.07	34.20	9.85	38.14
14	23.33	13.38	36.04	11.04	40.01
15	25.00	14.72	37.86	12.25	41.84
16	26.67	16.07	39.66	13.49	43.66
17	28.33	17.45	41.44	14.76	45.45
18	30.00	18.85	43.21	16.05	47.21
19	31.67	20.26	44.96	17.37	48.96
20	33.33	21.69	46.69	18.70	50.68
21	35.00	23.13	48.40	20.06	52.39
22	36.67	24.59	50.10	21.44	54.09
23	38.33	26.07	51.79	22.83	55.73
24	40.00	27.56	53.46	24.25	57.38
25	41.67	29.07	55.12	25.68	59.01
26	43.33	30.59	56.76	27.13	60.62
27	45.00	32.12	58.39	28.60	62.21
28	46.67	33.67	60.00	30.09	63.78
29	48.33	35.23	61.61	31.60	65.34
30	50.00	36.81	63.19	33.12	66.88

$N=61$

r	$P\left(\frac{r}{N}\times100\right)$	95% 下限	95% 上限	99% 下限	99% 上限
0	0.00	0.00	5.87	0.00	8.32
1	1.64	0.04	8.80	0.01	11.56
2	3.28	0.40	11.35	0.17	14.33
3	4.92	1.03	13.71	0.56	16.86
4	6.56	1.82	15.95	1.12	19.24
5	8.20	2.72	18.10	1.81	21.51
6	9.84	3.70	20.19	2.59	23.70
7	11.48	4.74	22.22	3.45	25.82
8	13.11	5.84	24.22	4.38	27.88
9	14.75	6.98	26.17	5.35	29.90

二项分布的置信区间（%）（N＝61～64）

置信限的计算方法及未包含在此表中的置信限的内插或外推计算方法见附录2和附录3。

（续）

r	$P\left(\frac{r}{N}\times100\right)$	置信区间 95% 下限	95% 上限	99% 下限	99% 上限
		N=61（续前）			
10	16.39	8.15	28.09	6.38	31.87
11	18.03	9.36	29.98	7.44	33.81
12	19.67	10.60	31.84	8.54	35.71
13	21.31	11.86	33.68	9.68	37.58
14	22.95	13.15	35.50	10.84	39.42
15	24.59	14.46	37.29	12.04	41.24
16	26.23	15.80	39.07	13.26	43.03
17	27.87	17.15	40.83	14.50	44.80
18	29.51	18.52	42.57	15.77	46.54
19	31.15	19.90	44.29	17.06	48.26
20	32.79	21.31	46.00	18.37	49.97
21	34.43	22.73	47.69	19.70	51.65
22	36.07	24.16	49.37	21.05	53.31
23	37.70	25.61	51.04	22.42	54.96
24	39.34	27.07	52.69	23.81	56.59
25	40.98	28.55	54.32	25.21	58.20
26	42.62	30.04	55.94	26.64	59.79
27	44.26	31.55	57.55	28.08	61.36
28	45.90	33.06	59.15	29.54	62.92
29	47.54	34.60	60.73	31.01	64.46
30	49.18	36.14	62.30	32.50	65.99
		N=62			
0	0.00	0.00	5.78	0.00	8.19
1	1.61	0.04	8.66	0.01	11.38
2	3.23	0.39	11.17	0.17	14.11
3	4.84	1.01	13.50	0.55	16.60
4	6.45	1.79	15.70	1.11	18.95
5	8.06	2.67	17.83	1.78	21.19
6	9.68	3.63	19.88	2.55	23.35
7	11.29	4.66	21.89	3.40	25.44

r	$P\left(\frac{r}{N}\times100\right)$	置信区间 95% 下限	95% 上限	99% 下限	99% 上限
		N=62（续前）			
8	12.90	5.74	23.85	4.30	27.47
9	14.52	6.86	25.78	5.26	29.46
10	16.13	8.02	27.67	6.27	31.41
11	17.74	9.20	29.53	7.32	33.32
12	19.35	10.42	31.37	8.40	35.20
13	20.97	11.66	33.18	9.51	37.04
14	22.58	12.93	34.97	10.66	38.86
15	24.19	14.22	36.74	11.83	40.65
16	25.81	15.53	38.50	13.03	42.42
17	27.42	16.85	40.23	14.25	44.16
18	29.03	18.20	41.95	15.49	45.89
19	30.65	19.56	43.65	16.76	47.59
20	32.26	20.94	45.34	18.05	49.27
21	33.87	22.33	47.01	19.35	50.93
22	35.48	23.74	48.66	20.68	52.58
23	37.10	25.16	50.31	22.02	54.21
24	38.71	26.60	51.93	23.38	55.81
25	40.32	28.05	53.55	24.76	57.41
26	41.94	29.51	55.15	26.16	58.98
27	43.55	30.99	56.74	27.57	60.54
28	45.16	32.48	58.32	29.00	62.08
29	46.77	33.98	59.88	30.45	63.61
30	48.39	35.50	61.44	31.91	65.12
31	50.00	37.02	62.98	33.39	66.61
		N=63			
0	0.00	0.00	5.69	0.00	8.07
1	1.59	0.04	8.53	0.01	11.21
2	3.17	0.39	11.00	0.17	13.90
3	4.76	0.99	13.29	0.54	16.36
4	6.35	1.76	15.47	1.09	18.67

r	$P\left(\frac{r}{N}\times100\right)$	置信区间 95% 下限	95% 上限	99% 下限	99% 上限
		N=63（续前）			
5	7.94	2.63	17.56	1.75	20.88
6	9.52	3.58	19.59	2.51	23.00
7	11.11	4.59	21.56	3.34	25.07
8	12.70	5.65	23.50	4.23	27.08
9	14.29	6.75	25.39	5.18	29.04
10	15.87	7.88	27.26	6.17	30.96
11	17.46	9.05	29.10	7.19	32.84
12	19.05	10.25	30.91	8.26	34.70
13	20.63	11.47	32.70	9.35	36.52
14	22.22	12.72	34.46	10.48	38.31
15	23.81	13.98	36.21	11.63	40.08
16	25.40	15.27	37.94	12.81	41.83
17	26.98	16.57	39.65	14.01	43.55
18	28.57	17.89	41.35	15.23	45.25
19	30.16	19.23	43.02	16.47	46.93
20	31.75	20.58	44.69	17.74	48.59
21	33.33	21.95	46.34	19.02	50.24
22	34.92	23.34	47.97	20.32	51.86
23	36.51	24.73	49.60	21.64	53.47
24	38.10	26.15	51.20	22.97	55.06
25	39.68	27.57	52.80	24.33	56.64
26	41.27	29.01	54.38	25.70	58.19
27	42.86	30.46	55.95	27.08	59.74
28	44.44	31.92	57.51	28.49	61.26
29	46.03	33.39	59.06	29.90	62.77
30	47.62	34.88	60.59	31.34	64.27
31	49.21	36.38	62.11	32.79	65.75
		N=64			
0	0.00	0.00	5.60	0.00	7.95
1	1.56	0.04	8.40	0.01	11.04

二项分布的置信区间（％）（N＝64～66）

置信限的计算方法及未包含在此表中的置信限的内插或外推计算方法见附录 2 和附录 3。

（续）

r	$P\left(\dfrac{r}{N}\times100\right)$	95% 下限	95% 上限	99% 下限	99% 上限
N=64（续前）					
2	3.13	0.38	10.84	0.16	13.69
3	4.69	0.98	13.09	0.53	16.12
4	6.25	1.73	15.24	1.07	18.40
5	7.81	2.59	17.30	1.72	20.57
6	9.38	3.52	19.30	2.47	22.67
7	10.94	4.51	21.25	3.29	24.71
8	12.50	5.55	23.15	4.16	26.69
9	14.06	6.64	25.02	5.09	28.62
10	15.63	7.76	26.86	6.06	30.52
11	17.19	8.90	28.68	7.08	32.38
12	18.75	10.08	30.46	8.12	34.21
13	20.31	11.28	32.23	9.20	36.01
14	21.88	12.51	33.97	10.30	37.78
15	23.44	13.75	35.69	11.44	39.53
16	25.00	15.02	37.40	12.59	41.25
17	26.56	16.30	39.09	13.77	42.95
18	28.13	17.60	40.76	14.97	44.63
19	29.69	18.91	42.42	16.19	46.29
20	31.25	20.24	44.06	17.43	47.94
21	32.81	21.59	45.69	18.69	49.56
22	34.38	22.95	47.30	19.97	51.17
23	35.94	24.32	48.90	21.27	52.76
24	37.50	25.70	50.49	22.58	54.33
25	39.06	27.10	52.07	23.91	55.89
26	40.63	28.51	53.63	25.25	57.43
27	42.19	29.94	55.18	26.61	58.95
28	43.75	31.37	56.72	27.99	60.46
29	45.31	32.82	58.25	29.38	61.96
30	46.88	34.28	59.77	30.79	63.44
31	48.44	35.75	61.27	32.21	64.90

r	$P\left(\dfrac{r}{N}\times100\right)$	95% 下限	95% 上限	99% 下限	99% 上限
N=64（续前）					
32	50.00	37.23	62.77	33.64	66.36
N=65					
0	0.00	0.00	5.52	0.00	7.83
1	1.54	0.04	8.28	0.01	10.88
2	3.08	0.37	10.68	0.16	13.49
3	4.62	0.96	12.90	0.53	15.88
4	6.15	1.70	15.01	1.05	18.13
5	7.69	2.54	17.05	1.70	20.28
6	9.23	3.46	19.02	2.43	22.35
7	10.77	4.44	20.94	3.23	24.36
8	12.31	5.47	22.82	4.10	26.31
9	13.85	6.53	24.66	5.01	28.22
10	15.38	7.63	26.48	5.97	30.09
11	16.92	8.76	28.27	6.96	31.93
12	18.46	9.92	30.03	7.99	33.73
13	20.00	11.10	31.77	9.05	35.51
14	21.54	12.31	33.49	10.14	37.26
15	23.08	13.53	35.19	11.25	38.99
16	24.62	14.77	36.87	12.38	40.69
17	26.15	16.03	38.54	13.54	42.37
18	27.69	17.31	40.19	14.72	44.03
19	29.23	18.60	41.83	15.93	45.67
20	30.77	19.91	43.45	17.14	47.29
21	32.31	21.23	45.05	18.38	48.90
22	33.85	22.57	46.65	19.64	50.49
23	35.38	23.92	48.23	20.91	52.06
24	36.92	25.28	49.80	22.20	53.61
25	38.46	26.65	51.36	23.50	55.15
26	40.00	28.04	52.90	24.82	56.68
27	41.54	29.44	54.44	26.16	58.19

r	$P\left(\dfrac{r}{N}\times100\right)$	95% 下限	95% 上限	99% 下限	99% 上限
N=65（续前）					
28	43.08	30.85	55.96	27.51	59.68
29	44.62	32.27	57.47	28.88	61.16
30	46.15	33.70	58.97	30.26	62.63
31	47.69	35.15	60.46	31.65	64.08
32	49.23	36.60	61.93	33.06	65.52
N=66					
0	0.00	0.00	5.44	0.00	7.71
1	1.52	0.04	8.16	0.01	10.73
2	3.03	0.37	10.52	0.16	13.30
3	4.55	0.95	12.71	0.52	15.66
4	6.06	1.68	14.80	1.04	17.88
5	7.58	2.51	16.80	1.67	19.99
6	9.09	3.41	18.74	2.39	22.04
7	10.61	4.37	20.64	3.18	24.02
8	12.12	5.38	22.49	4.03	25.95
9	13.64	6.43	24.31	4.93	27.83
10	15.15	7.51	26.10	5.87	29.68
11	16.67	8.62	27.87	6.85	31.49
12	18.18	9.76	29.61	7.86	33.27
13	19.70	10.93	31.32	8.90	35.03
14	21.21	12.11	33.02	9.97	36.75
15	22.73	13.31	34.70	11.07	38.46
16	24.24	14.54	36.36	12.18	40.14
17	25.76	15.78	38.01	13.32	41.80
18	27.27	17.03	39.64	14.48	43.44
19	28.79	18.30	41.25	15.67	45.06
20	30.30	19.59	42.85	16.86	46.67
21	31.82	20.89	44.44	18.08	48.25
22	33.33	22.20	46.01	19.31	49.82
23	34.85	23.53	47.58	20.56	51.38

二项分布的置信区间（％）（N＝66～69）

置信限的计算方法及未包含在此表中的置信限的内插或外推计算方法见附录2和附录3。

（续）

r	P ($\frac{r}{N}\times100$)	置信区间 95% 下限	95% 上限	99% 下限	99% 上限
		N=66（续前）			
24	36.36	24.87	49.13	21.83	52.92
25	37.88	26.22	50.66	23.11	54.44
26	39.39	27.58	52.19	24.41	55.95
27	40.91	28.95	53.71	25.72	57.44
28	42.42	30.34	55.21	27.05	58.92
29	43.94	31.74	56.70	28.39	60.39
30	45.45	33.14	58.19	29.74	61.84
31	46.97	34.56	59.66	31.11	63.28
32	48.48	35.99	61.12	32.49	64.70
33	50.00	37.43	62.57	33.89	66.11
		N=67			
0	0.00	0.00	5.36	0.00	7.60
1	1.49	0.04	8.04	0.01	10.57
2	2.99	0.36	10.37	0.16	13.11
3	4.48	0.93	12.53	0.51	15.44
4	5.97	1.65	14.59	1.02	17.63
5	7.46	2.47	16.56	1.65	19.72
6	8.96	3.36	18.48	2.36	21.73
7	10.45	4.30	20.35	3.14	23.69
8	11.94	5.30	22.18	3.97	25.59
9	13.43	6.33	23.97	4.86	27.45
10	14.93	7.40	25.74	5.78	29.28
11	16.42	8.49	27.48	6.74	31.07
12	17.91	9.61	29.20	7.74	32.82
13	19.40	10.76	30.89	8.76	34.56
14	20.90	11.92	32.57	9.82	36.26
15	22.39	13.11	34.22	10.89	37.95
16	23.88	14.31	35.86	11.99	39.61
17	25.37	15.53	37.49	13.11	41.25
18	26.87	16.76	39.10	14.25	42.87

r	P ($\frac{r}{N}\times100$)	置信区间 95% 下限	95% 上限	99% 下限	99% 上限
		N=67（续前）			
19	28.36	18.01	40.69	15.41	44.47
20	29.85	19.28	42.27	16.59	46.06
21	31.34	20.56	43.84	17.79	47.63
22	32.84	21.85	45.40	19.00	49.18
23	34.33	23.15	46.94	20.23	50.72
24	35.82	24.47	48.47	21.47	52.24
25	37.31	25.80	49.99	22.73	53.74
26	38.81	27.14	51.50	24.01	55.24
27	40.30	28.49	53.00	25.30	56.72
28	41.79	29.85	54.48	26.60	58.18
29	43.28	31.22	55.96	27.92	59.63
30	44.78	32.60	57.42	29.25	61.07
31	46.27	34.00	58.88	30.59	62.49
32	47.76	35.40	60.33	31.95	63.90
33	49.25	36.82	61.76	33.32	65.30
		N=68			
0	0.00	0.00	5.28	0.00	7.50
1	1.47	0.04	7.92	0.01	10.42
2	2.94	0.36	10.22	0.15	12.93
3	4.41	0.92	12.36	0.50	15.22
4	5.88	1.63	14.38	1.01	17.38
5	7.35	2.43	16.33	1.62	19.45
6	8.82	3.31	18.22	2.32	21.44
7	10.29	4.24	20.07	3.09	23.37
8	11.76	5.22	21.87	3.91	25.25
9	13.24	6.23	23.64	4.78	27.08
10	14.71	7.28	25.39	5.69	28.88
11	16.18	8.36	27.10	6.64	30.65
12	17.65	9.47	28.80	7.62	32.39
13	19.12	10.59	30.47	8.63	34.10

r	P ($\frac{r}{N}\times100$)	置信区间 95% 下限	95% 上限	99% 下限	99% 上限
		N=68（续前）			
14	20.59	11.74	32.12	9.66	35.78
15	22.06	12.90	33.76	10.72	37.45
16	23.53	14.09	35.38	11.80	39.09
17	25.00	15.29	36.98	12.91	40.71
18	26.47	16.50	38.57	14.03	42.31
19	27.94	17.73	40.15	15.17	43.90
20	29.41	18.98	41.71	16.33	45.46
21	30.88	20.24	43.26	17.51	47.02
22	32.35	21.51	44.79	18.70	48.55
23	33.82	22.79	46.32	19.91	50.07
24	35.29	24.08	47.83	21.13	51.58
25	36.76	25.39	49.33	22.37	53.07
26	38.24	26.71	50.82	23.62	54.54
27	39.71	28.03	52.30	24.89	56.00
28	41.18	29.37	53.77	26.17	57.45
29	42.65	30.72	55.23	27.46	58.89
30	44.12	32.08	56.68	28.77	60.31
31	45.59	33.45	58.12	30.09	61.72
32	47.06	34.83	59.55	31.42	63.12
33	48.53	36.22	60.97	32.77	64.50
34	50.00	37.62	62.38	34.12	65.88
		N=69			
0	0.00	0.00	5.21	0.00	7.39
1	1.45	0.04	7.81	0.01	10.28
2	2.90	0.35	10.08	0.15	12.75
3	4.35	0.91	12.18	0.50	15.02
4	5.80	1.60	14.18	0.99	17.15
5	7.25	2.39	16.11	1.60	19.18
6	8.70	3.26	17.97	2.29	21.15
7	10.14	4.18	19.79	3.04	23.05

二项分布的置信区间（％）（N＝69～71）

置信限的计算方法及未包含在此表中的置信限的内插或外推计算方法见附录2和附录3。

（续）

r	P ($\frac{r}{N}\times100$)	95% 下限	95% 上限	99% 下限	99% 上限	r	P ($\frac{r}{N}\times100$)	95% 下限	95% 上限	99% 下限	99% 上限	r	P ($\frac{r}{N}\times100$)	95% 下限	95% 上限	99% 下限	99% 上限
N=69（续前）						N=70（续前）						N=70（续前）					
8	11.59	5.14	21.57	3.85	24.91	2	2.86	0.35	9.94	0.15	12.58	32	45.71	33.74	58.06	30.42	61.61
9	13.04	6.14	23.32	4.71	26.72	3	4.29	0.89	12.02	0.49	14.81	33	47.14	35.09	59.45	31.72	62.97
10	14.49	7.17	25.04	5.61	28.50	4	5.71	1.58	13.99	0.98	16.92	34	48.57	36.44	60.83	33.03	64.32
11	15.94	8.24	26.74	6.54	30.25	5	7.14	2.36	15.89	1.57	18.93	35	50.00	37.80	62.20	34.35	65.65
12	17.39	9.32	28.41	7.50	31.96	6	8.57	3.21	17.73	2.25	20.87	N=71					
13	18.84	10.43	30.06	8.50	33.65	7	10.00	4.12	19.52	3.00	22.75	0	0.00	0.00	5.06	0.00	7.19
14	20.29	11.56	31.69	9.51	35.32	8	11.43	5.07	21.28	3.80	24.58	1	1.41	0.04	7.60	0.01	10.00
15	21.74	12.71	33.31	10.56	36.96	9	12.86	6.05	23.01	4.64	26.37	2	2.82	0.34	9.81	0.15	12.41
16	23.19	13.87	34.91	11.62	38.58	10	14.29	7.07	24.71	5.52	28.13	3	4.23	0.88	11.86	0.48	14.62
17	24.64	15.05	36.49	12.71	40.19	11	15.71	8.11	26.38	6.44	29.85	4	5.63	1.56	13.80	0.96	16.69
18	26.09	16.25	38.06	13.81	41.77	12	17.14	9.18	28.03	7.39	31.55	5	7.04	2.33	15.67	1.55	18.68
19	27.54	17.46	39.62	14.93	43.34	13	18.57	10.28	29.66	8.37	33.22	6	8.45	3.16	17.49	2.22	20.59
20	28.99	18.69	41.16	16.07	44.89	14	20.00	11.39	31.27	9.37	34.86	7	9.86	4.06	19.26	2.95	22.45
21	30.43	19.92	42.69	17.23	46.42	15	21.43	12.52	32.87	10.40	36.49	8	11.27	4.99	21.00	3.74	24.26
22	31.88	21.17	44.21	18.40	47.94	16	22.86	13.67	34.45	11.45	38.09	9	12.68	5.96	22.70	4.57	26.03
23	33.33	22.44	45.71	19.59	49.44	17	24.29	14.83	36.01	12.51	39.67	10	14.08	6.97	24.38	5.44	27.77
24	34.78	23.71	47.21	20.80	50.93	18	25.71	16.01	37.56	13.60	41.24	11	15.49	8.00	26.03	6.35	29.47
25	36.23	24.99	48.69	22.01	52.40	19	27.14	17.20	39.10	14.71	42.79	12	16.90	9.05	27.66	7.28	31.14
26	37.68	26.29	50.17	23.24	53.86	20	28.57	18.40	40.62	15.83	44.32	13	18.31	10.13	29.27	8.24	32.79
27	39.13	27.60	51.63	24.49	55.31	21	30.00	19.62	42.13	16.97	45.84	14	19.72	11.22	30.87	9.23	34.42
28	40.58	28.91	53.08	25.75	56.75	22	31.43	20.85	43.63	18.12	47.34	15	21.13	12.33	32.44	10.24	36.02
29	42.03	30.24	54.52	27.02	58.17	23	32.86	22.09	45.12	19.29	48.82	16	22.54	13.46	34.00	11.27	37.61
30	43.48	31.58	55.96	28.30	59.58	24	34.29	23.35	46.60	20.47	50.30	17	23.94	14.61	35.54	12.33	39.17
31	44.93	32.92	57.38	29.60	60.97	25	35.71	24.61	48.07	21.67	51.76	18	25.35	15.77	37.08	13.40	40.72
32	46.38	34.28	58.80	30.91	62.36	26	37.14	25.89	49.52	22.88	53.20	19	26.76	16.94	38.59	14.48	42.25
33	47.83	35.65	60.20	32.23	63.73	27	38.57	27.17	50.97	24.11	54.63	20	28.17	18.13	40.10	15.59	43.77
34	49.28	37.02	61.59	33.57	65.09	28	40.00	28.47	52.41	25.34	56.05	21	29.58	19.33	41.59	16.71	45.27
N=70						29	41.43	29.77	53.83	26.59	57.46	22	30.99	20.54	43.08	17.84	46.75
0	0.00	0.00	5.13	0.00	7.29	30	42.86	31.09	55.25	27.85	58.86	23	32.39	21.76	44.55	18.99	48.22
1	1.43	0.04	7.70	0.01	10.14	31	44.29	32.41	56.66	29.13	60.24	24	33.80	23.00	46.01	20.16	49.68

二项分布的置信区间（％）（N＝71～74）

置信限的计算方法及未包含在此表中的置信限的内插或外推计算方法见附录 2 和附录 3。

(续)

第一栏

r	$P\left(\dfrac{r}{N}\times100\right)$	95% 下限	95% 上限	99% 下限	99% 上限
N=71（续前）					
25	35.21	24.24	47.46	21.34	51.12
26	36.62	25.50	48.90	22.53	52.56
27	38.03	26.76	50.33	23.73	53.97
28	39.44	28.03	51.75	24.95	55.38
29	40.85	29.32	53.16	26.18	56.77
30	42.25	30.61	54.56	27.42	58.15
31	43.66	31.91	55.95	28.67	59.52
32	45.07	33.23	57.34	29.94	60.88
33	46.48	34.55	58.71	31.22	62.23
34	47.89	35.88	60.08	32.50	63.56
35	49.30	37.22	61.44	33.80	64.88
N=72					
0	0.00	0.00	4.99	0.00	7.09
1	1.39	0.04	7.50	0.01	9.87
2	2.78	0.34	9.68	0.14	12.25
3	4.17	0.87	11.70	0.47	14.42
4	5.56	1.53	13.62	0.95	16.48
5	6.94	2.29	15.47	1.53	18.44
6	8.33	3.12	17.26	2.19	20.33
7	9.72	4.00	19.01	2.91	22.16
8	11.11	4.92	20.72	3.69	23.95
9	12.50	5.88	22.41	4.51	25.70
10	13.89	6.87	24.06	5.36	27.41
11	15.28	7.88	25.69	6.26	29.09
12	16.67	8.92	27.30	7.18	30.75
13	18.06	9.98	28.89	8.12	32.38
14	19.44	11.06	30.47	9.10	33.99
15	20.83	12.16	32.02	10.09	35.57
16	22.22	13.27	33.56	11.11	37.14
17	23.61	14.40	35.09	12.14	38.69

第二栏

r	$P\left(\dfrac{r}{N}\times100\right)$	95% 下限	95% 上限	99% 下限	99% 上限
N=72（续前）					
18	25.00	15.54	36.60	13.20	40.22
19	26.39	16.70	38.10	14.27	41.73
20	27.78	17.86	39.59	15.36	43.23
21	29.17	19.05	41.07	16.46	44.71
22	30.56	20.24	42.53	17.58	46.18
23	31.94	21.44	43.99	18.71	47.64
24	33.33	22.66	45.43	19.86	49.08
25	34.72	23.88	46.86	21.01	50.51
26	36.11	25.12	48.29	22.19	51.92
27	37.50	26.36	49.70	23.37	53.33
28	38.89	27.62	51.11	24.57	54.72
29	40.28	28.88	52.50	25.78	56.10
30	41.67	30.15	53.89	27.00	57.47
31	43.06	31.43	55.27	28.23	58.82
32	44.44	32.72	56.64	29.48	60.17
33	45.83	34.02	58.00	30.73	61.50
34	47.22	35.33	59.35	32.00	62.82
35	48.61	36.65	60.69	33.28	64.13
36	50.00	37.98	62.02	34.57	65.43
N=73					
0	0.00	0.00	4.93	0.00	7.00
1	1.37	0.03	7.40	0.01	9.74
2	2.74	0.33	9.55	0.14	12.09
3	4.11	0.86	11.54	0.47	14.24
4	5.48	1.51	13.44	0.94	16.26
5	6.85	2.26	15.26	1.51	18.20
6	8.22	3.08	17.04	2.16	20.07
7	9.59	3.94	18.76	2.87	21.88
8	10.96	4.85	20.46	3.63	23.65
9	12.33	5.80	22.12	4.44	25.37

第三栏

r	$P\left(\dfrac{r}{N}\times100\right)$	95% 下限	95% 上限	99% 下限	99% 上限
N=73（续前）					
10	13.70	6.77	23.75	5.29	27.07
11	15.07	7.77	25.36	6.17	28.73
12	16.44	8.79	26.95	7.07	30.37
13	17.81	9.84	28.53	8.01	31.98
14	19.18	10.90	30.08	8.97	33.57
15	20.55	11.98	31.62	9.95	35.13
16	21.92	13.08	33.14	10.95	36.68
17	23.29	14.19	34.65	11.97	38.21
18	24.66	15.32	36.14	13.01	39.73
19	26.03	16.45	37.62	14.06	41.22
20	27.40	17.61	39.09	15.13	42.71
21	28.77	18.77	40.55	16.22	44.17
22	30.14	19.94	42.00	17.32	45.63
23	31.51	21.13	43.44	18.43	47.06
24	32.88	22.33	44.87	19.56	48.49
25	34.25	23.53	46.28	20.70	49.91
26	35.62	24.75	47.69	21.86	51.31
27	36.99	25.97	49.09	23.02	52.70
28	38.36	27.21	50.48	24.20	54.07
29	39.73	28.45	51.86	25.39	55.44
30	41.10	29.71	53.23	26.59	56.79
31	42.47	30.97	54.59	27.80	58.14
32	43.84	32.24	55.95	29.03	59.47
33	45.21	33.52	57.29	30.26	60.79
34	46.58	34.80	58.63	31.51	62.10
35	47.95	36.10	59.96	32.77	63.40
36	49.32	37.40	61.28	34.03	64.69
N=74					
0	0.00	0.00	4.86	0.00	6.91
1	1.35	0.03	7.30	0.01	9.62

二项分布的置信区间（%）（N＝74～76）

置信限的计算方法及未包含在此表中的置信限的内插或外推计算方法见附录2和附录3。

（续）

r	$P\left(\frac{r}{N}\times100\right)$	95% 下限	95% 上限	99% 下限	99% 上限	r	$P\left(\frac{r}{N}\times100\right)$	95% 下限	95% 上限	99% 下限	99% 上限	r	$P\left(\frac{r}{N}\times100\right)$	95% 下限	95% 上限	99% 下限	99% 上限
N=74（续前）						N=74（续前）						N=75（续前）					
2	2.70	0.33	9.42	0.14	11.93	32	43.24	31.77	55.28	28.59	58.79	23	30.67	20.53	42.38	17.90	45.96
3	4.05	0.84	11.39	0.46	14.06	33	44.59	33.02	56.61	29.81	60.10	24	32.00	21.69	43.78	19.00	47.36
4	5.41	1.49	13.27	0.92	16.06	34	45.95	34.29	57.93	31.03	61.39	25	33.33	22.86	45.17	20.10	48.74
5	6.76	2.23	15.07	1.49	17.97	35	47.30	35.57	59.25	32.27	62.68	26	34.67	24.04	46.54	21.22	50.11
6	8.11	3.03	16.82	2.13	19.81	36	48.65	36.85	60.56	33.52	63.96	27	36.00	25.23	47.91	22.35	51.48
7	9.46	3.89	18.52	2.83	21.60	37	50.00	38.14	61.86	34.77	65.23	28	37.33	26.43	49.27	23.49	52.83
8	10.81	4.78	20.20	3.58	23.35	N=75						29	38.67	27.64	50.62	24.65	54.16
9	12.16	5.71	21.84	4.38	25.06	0	0.00	0.00	4.80	0.00	6.82	30	40.00	28.85	51.96	25.81	55.49
10	13.51	6.68	23.45	5.21	26.73	1	1.33	0.03	7.21	0.01	9.49	31	41.33	30.08	53.30	26.99	56.81
11	14.86	7.66	25.04	6.08	28.37	2	2.67	0.32	9.30	0.14	11.78	32	42.67	31.31	54.62	28.17	58.12
12	16.22	8.67	26.61	6.97	29.99	3	4.00	0.83	11.25	0.46	13.88	33	44.00	32.55	55.94	29.37	59.42
13	17.57	9.70	28.17	7.89	31.58	4	5.33	1.47	13.10	0.91	15.85	34	45.33	33.79	57.25	30.57	60.70
14	18.92	10.75	29.70	8.84	33.15	5	6.67	2.20	14.88	1.47	17.74	35	46.67	35.05	58.55	31.79	61.98
15	20.27	11.81	31.22	9.80	34.70	6	8.00	2.99	16.60	2.10	19.57	36	48.00	36.31	59.85	33.02	63.25
16	21.62	12.89	32.72	10.79	36.24	7	9.33	3.84	18.29	2.79	21.34	37	49.33	37.58	61.14	34.25	64.50
17	22.97	13.99	34.21	11.80	37.75	8	10.67	4.72	19.94	3.53	23.06	N=76					
18	24.32	15.10	35.69	12.82	39.25	9	12.00	5.64	21.56	4.32	24.75	0	0.00	0.00	4.74	0.00	6.73
19	25.68	16.22	37.16	13.86	40.73	10	13.33	6.58	23.16	5.14	26.40	1	1.32	0.03	7.11	0.01	9.37
20	27.03	17.35	38.61	14.91	42.19	11	14.67	7.56	24.73	5.99	28.03	2	2.63	0.32	9.18	0.14	11.63
21	28.38	18.50	40.05	15.98	43.64	12	16.00	8.55	26.28	6.88	29.63	3	3.95	0.82	11.11	0.45	13.71
22	29.73	19.66	41.48	17.07	45.08	13	17.33	9.57	27.81	7.78	31.20	4	5.26	1.45	12.93	0.90	15.66
23	31.08	20.83	42.90	18.16	46.51	14	18.67	10.60	29.33	8.71	32.75	5	6.58	2.17	14.69	1.45	17.52
24	32.43	22.00	44.32	19.27	47.92	15	20.00	11.65	30.83	9.67	34.29	6	7.89	2.95	16.40	2.07	19.33
25	33.78	23.19	45.72	20.40	49.32	16	21.33	12.71	32.32	10.64	35.80	7	9.21	3.78	18.06	2.75	21.07
26	35.14	24.39	47.11	21.53	50.70	17	22.67	13.79	33.79	11.63	37.30	8	10.53	4.66	19.69	3.49	22.78
27	36.49	25.60	48.49	22.68	52.08	18	24.00	14.89	35.25	12.64	38.78	9	11.84	5.56	21.29	4.26	24.45
28	37.84	26.81	49.87	23.84	53.44	19	25.33	15.99	36.70	13.66	40.24	10	13.16	6.49	22.87	5.07	26.08
29	39.19	28.04	51.23	25.01	54.79	20	26.67	17.11	38.14	14.70	41.69	11	14.47	7.45	24.42	5.91	27.69
30	40.54	29.27	52.59	26.19	56.14	21	28.00	18.24	39.56	15.75	43.13	12	15.79	8.43	25.96	6.78	29.27
31	41.89	30.51	53.94	27.39	57.47	22	29.33	19.38	40.98	16.82	44.55	13	17.11	9.43	27.47	7.68	30.83

二项分布的置信区间（％）（N＝76～78）

置信限的计算方法及未包含在此表中的置信限的内插或外推计算方法见附录2和附录3。

（续）

r	$P\left(\frac{r}{N}\times100\right)$	95%下限	95%上限	99%下限	99%上限	r	$P\left(\frac{r}{N}\times100\right)$	95%下限	95%上限	99%下限	99%上限	r	$P\left(\frac{r}{N}\times100\right)$	95%下限	95%上限	99%下限	99%上限
N＝76（续前）						*N*＝77（续前）						*N*＝77（续前）					
14	18.42	10.45	28.97	8.59	32.36	4	5.19	1.43	12.77	0.89	15.47	34	44.16	32.84	55.93	29.69	59.36
15	19.74	11.49	30.46	9.53	33.88	5	6.49	2.14	14.51	1.43	17.31	35	45.45	34.06	57.21	30.87	60.62
16	21.05	12.54	31.92	10.49	35.37	6	7.79	2.91	16.19	2.04	19.09	36	46.75	35.29	58.48	32.06	61.86
17	22.37	13.60	33.38	11.47	36.85	7	9.09	3.73	17.84	2.72	20.82	37	48.05	36.52	59.74	33.26	63.10
18	23.68	14.68	34.82	12.46	38.32	8	10.39	4.59	19.45	3.44	22.50	38	49.35	37.76	61.00	34.46	64.32
19	25.00	15.77	36.26	13.47	39.77	9	11.69	5.49	21.03	4.20	24.15	*N*＝78					
20	26.32	16.87	37.68	14.49	41.20	10	12.99	6.41	22.59	5.00	25.77	0	0.00	0.00	4.62	0.00	6.57
21	27.63	17.99	39.09	15.53	42.62	11	14.29	7.35	24.13	5.83	27.36	1	1.28	0.03	6.94	0.01	9.14
22	28.95	19.11	40.49	16.58	44.03	12	15.58	8.32	25.64	6.69	28.92	2	2.56	0.31	8.96	0.13	11.35
23	30.26	20.25	41.87	17.65	45.43	13	16.88	9.31	27.14	7.57	30.46	3	3.85	0.80	10.83	0.44	13.37
24	31.58	21.39	43.25	18.73	46.81	14	18.18	10.31	28.62	8.48	31.98	4	5.13	1.41	12.61	0.87	15.28
25	32.89	22.54	44.63	19.82	48.18	15	19.48	11.33	30.09	9.40	33.48	5	6.41	2.11	14.33	1.41	17.10
26	34.21	23.71	45.99	20.92	49.54	16	20.78	12.37	31.54	10.35	34.96	6	7.69	2.88	15.99	2.02	18.86
27	35.53	24.88	47.34	22.03	50.89	17	22.08	13.42	32.98	11.31	36.42	7	8.97	3.68	17.62	2.68	20.57
28	36.84	26.06	48.69	23.16	52.22	18	23.38	14.48	34.41	12.29	37.87	8	10.26	4.53	19.21	3.39	22.24
29	38.16	27.25	50.02	24.29	53.55	19	24.68	15.56	35.82	13.28	39.31	9	11.54	5.41	20.78	4.15	23.87
30	39.47	28.44	51.35	25.44	54.86	20	25.97	16.64	37.23	14.29	40.72	10	12.82	6.32	22.32	4.94	25.46
31	40.79	29.65	52.67	26.59	56.17	21	27.27	17.74	38.62	15.32	42.13	11	14.10	7.26	23.83	5.76	27.03
32	42.11	30.86	53.98	27.76	57.46	22	28.57	18.85	40.00	16.35	43.52	12	15.38	8.21	25.33	6.60	28.58
33	43.42	32.08	55.29	28.94	58.75	23	29.87	19.97	41.38	17.40	44.90	13	16.67	9.18	26.81	7.47	30.10
34	44.74	33.31	56.59	30.13	60.03	24	31.17	21.09	42.74	18.46	46.27	14	17.95	10.17	28.28	8.36	31.60
35	46.05	34.55	57.87	31.32	61.29	25	32.47	22.23	44.10	19.54	47.63	15	19.23	11.18	29.73	9.28	33.09
36	47.37	35.79	59.16	32.53	62.55	26	33.77	23.38	45.45	20.62	48.97	16	20.51	12.20	31.16	10.21	34.55
37	48.68	37.04	60.43	33.75	63.79	27	35.06	24.53	46.78	21.72	50.31	17	21.79	13.24	32.59	11.16	36.00
38	50.00	38.30	61.70	34.97	65.03	28	36.36	25.70	48.12	22.83	51.63	18	23.08	14.29	34.00	12.12	37.43
N＝77						29	37.66	26.87	49.44	23.95	52.95	19	24.36	15.35	35.40	13.10	38.85
0	0.00	0.00	4.68	0.00	6.65	30	38.96	28.05	50.75	25.08	54.25	20	25.64	16.42	36.79	14.10	40.26
1	1.30	0.03	7.02	0.01	9.26	31	40.26	29.23	52.06	26.21	55.54	21	26.92	17.50	38.16	15.11	41.65
2	2.60	0.32	9.07	0.14	11.49	32	41.56	30.43	53.36	27.36	56.82	22	28.21	18.59	39.53	16.13	43.03
3	3.90	0.81	10.97	0.44	13.54	33	42.86	31.63	54.65	28.52	58.10	23	29.49	19.70	40.89	17.16	44.39

二项分布的置信区间（％）（N＝78～80）

置信限的计算方法及未包含在此表中的置信限的内插或外推计算方法见附录2和附录3。

（续）

N＝78（续前）

r	$P\left(\dfrac{r}{N}\times100\right)$	95% 下限	95% 上限	99% 下限	99% 上限
24	30.77	20.81	42.24	18.21	45.75
25	32.05	21.93	43.58	19.27	47.09
26	33.33	23.06	44.92	20.34	48.42
27	34.62	24.20	46.24	21.42	49.74
28	35.90	25.34	47.56	22.51	51.06
29	37.18	26.50	48.87	23.61	52.36
30	38.46	27.66	50.17	24.72	53.65
31	39.74	28.83	51.46	25.85	54.93
32	41.03	30.01	52.75	26.98	56.20
33	42.31	31.19	54.02	28.12	57.46
34	43.59	32.39	55.30	29.27	58.71
35	44.87	33.59	56.56	30.43	59.96
36	46.15	34.79	57.82	31.60	61.19
37	47.44	36.01	59.07	32.78	62.41
38	48.72	37.23	60.31	33.97	63.63
39	50.00	38.46	61.54	35.16	64.84

N＝79

r	$P\left(\dfrac{r}{N}\times100\right)$	95% 下限	95% 上限	99% 下限	99% 上限
0	0.00	0.00	4.56	0.00	6.49
1	1.27	0.03	6.85	0.01	9.03
2	2.53	0.31	8.85	0.13	11.21
3	3.80	0.79	10.70	0.43	13.21
4	5.06	1.40	12.46	0.86	15.10
5	6.33	2.09	14.16	1.39	16.90
6	7.59	2.84	15.80	1.99	18.64
7	8.86	3.64	17.41	2.65	20.33
8	10.13	4.47	18.98	3.35	21.97
9	11.39	5.34	20.53	4.09	23.59
10	12.66	6.24	22.05	4.87	25.17
16	20.25	12.04	30.80	10.07	34.16
17	21.52	13.06	32.20	11.01	35.59
18	22.78	14.10	33.60	11.96	37.01
19	24.05	15.14	34.98	12.93	38.41
20	25.32	16.20	36.36	13.91	39.80
21	26.58	17.27	37.72	14.90	41.18
22	27.85	18.35	39.07	15.91	42.54
23	29.11	19.43	40.42	16.93	43.89
24	30.38	20.53	41.75	17.96	45.23
25	31.65	21.63	43.08	19.00	46.56
26	32.91	22.75	44.40	20.06	47.88
27	34.18	23.87	45.71	21.12	49.19
28	35.44	25.00	47.01	22.20	50.49
29	36.71	26.14	48.31	23.29	51.78
30	37.97	27.28	49.59	24.38	53.06
31	39.24	28.44	50.87	25.49	54.33
32	40.51	29.60	52.15	26.60	55.59
33	41.77	30.77	53.41	27.73	56.84
34	43.04	31.94	54.67	28.86	58.08
35	44.30	33.12	55.92	30.00	59.31
36	45.57	34.31	57.17	31.16	60.53
37	46.84	35.51	58.40	32.32	61.75
38	48.10	36.71	59.64	33.49	62.95
39	49.37	37.92	60.86	34.66	64.15

N＝80

r	$P\left(\dfrac{r}{N}\times100\right)$	95% 下限	95% 上限	99% 下限	99% 上限
0	0.00	0.00	4.51	0.00	6.41
1	1.25	0.03	6.77	0.01	8.92
2	2.50	0.30	8.74	0.13	11.08
3	3.75	0.78	10.57	0.43	13.05
4	5.00	1.38	12.31	0.85	14.92
5	6.25	2.06	13.99	1.37	16.70
6	7.50	2.80	15.61	1.96	18.42
7	8.75	3.59	17.20	2.61	20.09
8	10.00	4.42	18.76	3.31	21.72
9	11.25	5.28	20.28	4.04	23.31
10	12.50	6.16	21.79	4.81	24.87
11	13.75	7.07	23.27	5.61	26.41
12	15.00	8.00	24.74	6.43	27.92
13	16.25	8.95	26.18	7.28	29.41
14	17.50	9.91	27.62	8.14	30.88
15	18.75	10.89	29.03	9.03	32.33
16	20.00	11.89	30.44	9.94	33.77
17	21.25	12.89	31.83	10.86	35.19
18	22.50	13.91	33.21	11.80	36.59
19	23.75	14.95	34.58	12.75	37.98
20	25.00	15.99	35.94	13.72	39.35
21	26.25	17.04	37.29	14.70	40.72
22	27.50	18.10	38.62	15.70	42.07
23	28.75	19.18	39.95	16.70	43.41
24	30.00	20.26	41.28	17.72	44.73
25	31.25	21.35	42.59	18.75	46.05
26	32.50	22.45	43.89	19.79	47.36
27	33.75	23.55	45.19	20.84	48.65
28	35.00	24.67	46.48	21.90	49.94
29	36.25	25.79	47.76	22.97	51.21
30	37.50	26.92	49.04	24.05	52.48
31	38.75	28.06	50.30	25.14	53.74
32	40.00	29.20	51.56	26.24	54.99
33	41.25	30.35	52.82	27.35	56.22
34	42.50	31.51	54.06	28.46	57.45
35	43.75	32.68	55.30	29.59	58.68
36	45.00	33.85	56.53	30.72	59.89

二项分布的置信区间（%）（N＝80～83）

置信限的计算方法及未包含在此表中的置信限的内插或外推计算方法见附录2和附录3。

（续）

N＝80（续前）／N＝81

r	P ($\frac{r}{N}\times100$)	95% 下限	95% 上限	99% 下限	99% 上限
			N=80（续前）		
37	46.25	35.03	57.76	31.87	61.09
38	47.50	36.21	58.98	33.02	62.29
39	48.75	37.41	60.19	34.18	63.47
40	50.00	38.60	61.40	35.35	64.65
			N=81		
0	0.00	0.00	4.45	0.00	6.33
1	1.23	0.03	6.69	0.01	8.82
2	2.47	0.30	8.64	0.13	10.95
3	3.70	0.77	10.44	0.42	12.90
4	4.94	1.36	12.16	0.84	14.74
5	6.17	2.03	13.82	1.36	16.50
6	7.41	2.77	15.43	1.94	18.21
7	8.64	3.55	17.00	2.58	19.86
8	9.88	4.36	18.54	3.26	21.47
9	11.11	5.21	20.05	3.99	23.04
10	12.35	6.08	21.53	4.75	24.59
11	13.58	6.98	23.00	5.53	26.11
12	14.81	7.90	24.45	6.35	27.60
13	16.05	8.83	25.88	7.18	29.08
14	17.28	9.78	27.30	8.04	30.53
15	18.52	10.75	28.70	8.92	31.97
16	19.75	11.73	30.09	9.81	33.39
17	20.99	12.73	31.46	10.72	34.79
18	22.22	13.73	32.83	11.65	36.18
19	23.46	14.75	34.18	12.59	37.55
20	24.69	15.78	35.53	13.54	38.92
21	25.93	16.82	36.86	14.51	40.27
22	27.16	17.87	38.19	15.49	41.60
23	28.40	18.93	39.50	16.48	42.93
24	29.63	19.99	40.81	17.49	44.24

N＝81（续前）／N＝82

r	P ($\frac{r}{N}\times100$)	95% 下限	95% 上限	99% 下限	99% 上限
			N=81（续前）		
25	30.86	21.07	42.11	18.50	45.55
26	32.10	22.15	43.40	19.52	46.84
27	33.33	23.24	44.68	20.56	48.12
28	34.57	24.34	45.96	21.61	49.40
29	35.80	25.45	47.23	22.66	50.66
30	37.04	26.56	48.49	23.73	51.92
31	38.27	27.69	49.74	24.80	53.16
32	39.51	28.81	50.99	25.88	54.40
33	40.74	29.95	52.23	26.97	55.63
34	41.98	31.09	53.46	28.08	56.84
35	43.21	32.24	54.69	29.18	58.05
36	44.44	33.40	55.91	30.30	59.26
37	45.68	34.56	57.13	31.43	60.45
38	46.91	35.73	58.33	32.56	61.64
39	48.15	36.90	59.53	33.71	62.81
40	49.38	38.08	60.73	34.86	63.98
			N=82		
0	0.00	0.00	4.40	0.00	6.26
1	1.22	0.03	6.61	0.01	8.71
2	2.44	0.30	8.53	0.13	10.82
3	3.66	0.76	10.32	0.42	12.75
4	4.88	1.34	12.02	0.83	14.57
5	6.10	2.01	13.66	1.34	16.31
6	7.32	2.73	15.25	1.92	18.00
7	8.54	3.50	16.80	2.55	19.63
8	9.76	4.31	18.32	3.22	21.22
9	10.98	5.14	19.82	3.94	22.78
10	12.20	6.01	21.29	4.69	24.31
11	13.41	6.89	22.74	5.46	25.81
12	14.63	7.80	24.17	6.27	27.29

N＝82（续前）

r	P ($\frac{r}{N}\times100$)	95% 下限	95% 上限	99% 下限	99% 上限
13	15.85	8.72	25.58	7.09	28.75
14	17.07	9.66	26.98	7.94	30.19
15	18.29	10.62	28.37	8.80	31.61
16	19.51	11.58	29.74	9.68	33.02
17	20.73	12.57	31.11	10.58	34.41
18	21.95	13.56	32.46	11.50	35.78
19	23.17	14.56	33.80	12.42	37.14
20	24.39	15.58	35.12	13.37	38.49
21	25.61	16.60	36.44	14.32	39.82
22	26.83	17.64	37.76	15.29	41.15
23	28.05	18.68	39.06	16.27	42.46
24	29.27	19.74	40.35	17.26	43.76
25	30.49	20.80	41.64	18.26	45.05
26	31.71	21.87	42.92	19.27	46.33
27	32.93	22.94	44.19	20.29	47.61
28	34.15	24.03	45.45	21.32	48.87
29	35.37	25.12	46.70	22.36	50.12
30	36.59	26.22	47.95	23.41	51.36
31	37.80	27.32	49.19	24.47	52.60
32	39.02	28.44	50.43	25.54	53.82
33	40.24	29.56	51.66	26.61	55.04
34	41.46	30.68	52.88	27.70	56.25
35	42.68	31.82	54.09	28.79	57.45
36	43.90	32.96	55.30	29.89	58.64
37	45.12	34.10	56.51	31.00	59.82
38	46.34	35.25	57.70	32.12	61.00
39	47.56	36.41	58.89	33.25	62.16
40	48.78	37.58	60.08	34.38	63.32
41	50.00	38.75	61.25	35.53	64.47

二项分布的置信区间（%）（N＝83～85）

置信限的计算方法及未包含在此表中的置信限的内插或外推计算方法见附录2和附录3。

（续）

r	$P\left(\frac{r}{N}\times100\right)$	95% 下限	95% 上限	99% 下限	99% 上限	r	$P\left(\frac{r}{N}\times100\right)$	95% 下限	95% 上限	99% 下限	99% 上限	r	$P\left(\frac{r}{N}\times100\right)$	95% 下限	95% 上限	99% 下限	99% 上限
					N=83						N=83（续前）						N=84（续前）
0	0.00	0.00	4.35	0.00	6.18	30	36.14	25.88	47.43	23.10	50.82	17	20.24	12.25	30.41	10.32	33.66
1	1.20	0.03	6.53	0.01	8.61	31	37.35	26.97	48.66	24.15	52.04	18	21.43	13.22	31.74	11.21	35.01
2	2.41	0.29	8.43	0.13	10.70	32	38.55	28.07	49.88	25.20	53.26	19	22.62	14.20	33.05	12.11	36.34
3	3.61	0.75	10.20	0.41	12.61	33	39.76	29.17	51.10	26.26	54.46	20	23.81	15.19	34.35	13.03	37.66
4	4.82	1.33	11.88	0.82	14.41	34	40.96	30.28	52.31	27.33	55.66	21	25.00	16.19	35.64	13.96	38.97
5	6.02	1.98	13.50	1.32	16.13	35	42.17	31.40	53.51	28.41	56.85	22	26.19	17.20	36.93	14.90	40.27
6	7.23	2.70	15.07	1.89	17.79	36	43.37	32.53	54.71	29.50	58.03	23	27.38	18.21	38.20	15.85	41.56
7	8.43	3.46	16.61	2.52	19.41	37	44.58	33.66	55.90	30.59	59.20	24	28.57	19.24	39.47	16.82	42.83
8	9.64	4.25	18.11	3.18	20.98	38	45.78	34.79	57.08	31.69	60.37	25	29.76	20.27	40.73	17.79	44.10
9	10.84	5.08	19.59	3.89	22.53	39	46.99	35.93	58.26	32.80	61.53	26	30.95	21.31	41.98	18.77	45.35
10	12.05	5.93	21.04	4.63	24.04	40	48.19	37.08	59.44	33.92	62.68	27	32.14	22.36	43.22	19.77	46.60
11	13.25	6.81	22.48	5.40	25.53	41	49.40	38.24	60.60	35.05	63.82	28	33.33	23.42	44.46	20.77	47.84
12	14.46	7.70	23.89	6.19	26.99				N=84			29	34.52	24.48	45.69	21.78	49.07
13	15.66	8.61	25.29	7.00	28.43	0	0.00	0.00	4.30	0.00	6.11	30	35.71	25.55	46.92	22.81	50.29
14	16.87	9.54	26.68	7.84	29.86	1	1.19	0.03	6.46	0.01	8.51	31	36.90	26.63	48.13	23.83	51.50
15	18.07	10.48	28.05	8.69	31.26	2	2.38	0.29	8.34	0.12	10.57	32	38.10	27.71	49.34	24.87	52.70
16	19.28	11.44	29.41	9.56	32.65	3	3.57	0.74	10.08	0.41	12.46	33	39.29	28.80	50.55	25.92	53.90
17	20.48	12.41	30.76	10.45	34.03	4	4.76	1.31	11.75	0.81	14.24	34	40.48	29.90	51.75	26.98	55.09
18	21.69	13.39	32.09	11.35	35.39	5	5.95	1.96	13.35	1.31	15.95	35	41.67	31.00	52.94	28.04	56.27
19	22.89	14.38	33.42	12.27	36.74	6	7.14	2.67	14.90	1.87	17.59	36	42.86	32.11	54.12	29.11	57.44
20	24.10	15.38	34.73	13.20	38.07	7	8.33	3.42	16.42	2.48	19.19	37	44.05	33.22	55.30	30.19	58.60
21	25.30	16.39	36.04	14.14	39.39	8	9.52	4.20	17.91	3.15	20.75	38	45.24	34.34	56.48	31.27	59.76
22	26.51	17.42	37.34	15.09	40.70	9	10.71	5.02	19.37	3.84	22.28	39	46.43	35.47	57.65	32.37	60.90
23	27.71	18.45	38.62	16.06	42.00	10	11.90	5.86	20.81	4.57	23.77	40	47.62	36.60	58.81	33.47	62.04
24	28.92	19.48	39.91	17.03	43.29	11	13.10	6.72	22.22	5.33	25.25	41	48.81	37.74	59.96	34.58	63.18
25	30.12	20.53	41.18	18.02	44.57	12	14.29	7.61	23.62	6.11	26.69	42	50.00	38.89	61.11	35.70	64.30
26	31.33	21.59	42.44	19.02	45.84	13	15.48	8.51	25.01	6.91	28.12				N=85		
27	32.53	22.65	43.70	20.03	47.10	14	16.67	9.42	26.38	7.74	29.53	0	0.00	0.00	4.25	0.00	6.04
28	33.73	23.72	44.95	21.04	48.35	15	17.86	10.35	27.74	8.58	30.92	1	1.18	0.03	6.38	0.01	8.42
29	34.94	24.80	46.19	22.07	49.59	16	19.05	11.30	29.08	9.44	32.30	2	2.35	0.29	8.24	0.12	10.45

二项分布的置信区间（％）（$N=85\sim87$）

置信限的计算方法及未包含在此表中的置信限的内插或外推计算方法见附录2和附录3。

（续）

r	P ($\frac{r}{N}\times100$)	95%下限	95%上限	99%下限	99%上限	r	P ($\frac{r}{N}\times100$)	95%下限	95%上限	99%下限	99%上限	r	P ($\frac{r}{N}\times100$)	95%下限	95%上限	99%下限	99%上限
	N=85（续前）						N=85（续前）						N=86（续前）				
3	3.53	0.73	9.97	0.40	12.32	33	38.82	28.44	50.01	25.59	53.35	19	22.09	13.86	32.33	11.81	35.57
4	4.71	1.30	11.61	0.80	14.08	34	40.00	29.52	51.20	26.63	54.52	20	23.26	14.82	33.61	12.71	36.87
5	5.88	1.94	13.20	1.29	15.77	35	41.18	30.61	52.38	27.68	55.69	21	24.42	15.79	34.87	13.61	38.15
6	7.06	2.63	14.73	1.85	17.40	36	42.35	31.70	53.55	28.73	56.85	22	25.58	16.78	36.13	14.53	39.42
7	8.24	3.38	16.23	2.45	18.98	37	43.53	32.80	54.72	29.80	58.01	23	26.74	17.77	37.38	15.46	40.69
8	9.41	4.15	17.71	3.11	20.52	38	44.71	33.91	55.89	30.87	59.15	24	27.91	18.77	38.62	16.40	41.94
9	10.59	4.96	19.15	3.80	22.03	39	45.88	35.02	57.04	31.95	60.29	25	29.07	19.78	39.86	17.35	43.18
10	11.76	5.79	20.57	4.52	23.51	40	47.06	36.13	58.19	33.03	61.42	26	30.23	20.79	41.08	18.31	44.41
11	12.94	6.64	21.98	5.26	24.97	41	48.24	37.26	59.34	34.13	62.55	27	31.40	21.81	42.30	19.27	45.64
12	14.12	7.51	23.36	6.04	26.40	42	49.41	38.39	60.48	35.23	63.66	28	32.56	22.84	43.52	20.25	46.85
13	15.29	8.40	24.73	6.83	27.82		N=86					29	33.72	23.88	44.72	21.24	48.06
14	16.47	9.31	26.09	7.64	29.21	0	0.00	0.00	4.20	0.00	5.97	30	34.88	24.92	45.92	22.23	49.26
15	17.65	10.23	27.43	8.48	30.59	1	1.16	0.03	6.31	0.01	8.32	31	36.05	25.97	47.12	23.23	50.45
16	18.82	11.16	28.76	9.33	31.95	2	2.33	0.28	8.15	0.12	10.34	32	37.21	27.02	48.30	24.24	51.63
17	20.00	12.10	30.08	10.19	33.30	3	3.49	0.73	9.86	0.40	12.19	33	38.37	28.08	49.49	25.26	52.80
18	21.18	13.06	31.39	11.07	34.63	4	4.65	1.28	11.48	0.79	13.93	34	39.53	29.15	50.66	26.29	53.97
19	22.35	14.03	32.69	11.96	35.95	5	5.81	1.91	13.05	1.28	15.60	35	40.70	30.22	51.83	27.32	55.13
20	23.53	15.00	33.97	12.87	37.26	6	6.98	2.60	14.57	1.82	17.21	36	41.86	31.30	52.99	28.37	56.28
21	24.71	15.99	35.25	13.78	38.56	7	8.14	3.34	16.05	2.43	18.77	37	43.02	32.39	54.15	29.41	57.43
22	25.88	16.99	36.52	14.71	39.84	8	9.30	4.10	17.51	3.07	20.30	38	44.19	33.48	55.30	30.47	58.56
23	27.06	17.99	37.79	15.65	41.12	9	10.47	4.90	18.94	3.75	21.79	39	45.35	34.58	56.45	31.54	59.69
24	28.24	19.00	39.04	16.61	42.38	10	11.63	5.72	20.35	4.46	23.26	40	46.51	35.68	57.59	32.61	60.81
25	29.41	20.02	40.29	17.57	43.63	11	12.79	6.56	21.73	5.20	24.70	41	47.67	36.79	58.73	33.69	61.93
26	30.59	21.05	41.53	18.54	44.88	12	13.95	7.42	23.11	5.96	26.12	42	48.84	37.90	59.86	34.77	63.04
27	31.76	22.08	42.76	19.52	46.12	13	15.12	8.30	24.46	6.75	27.52	43	50.00	39.02	60.98	35.86	64.14
28	32.94	23.13	43.98	20.51	47.34	14	16.28	9.20	25.80	7.55	28.90		N=87				
29	34.12	24.18	45.20	21.51	48.56	15	17.44	10.10	27.13	8.37	30.26	0	0.00	0.00	4.15	0.00	5.91
30	35.29	25.23	46.41	22.51	49.77	16	18.60	11.02	28.45	9.21	31.61	1	1.15	0.03	6.24	0.01	8.23
31	36.47	26.29	47.62	23.53	50.97	17	19.77	11.96	29.75	10.07	32.94	2	2.30	0.28	8.06	0.12	10.22
32	37.65	27.36	48.82	24.55	52.16	18	20.93	12.90	31.05	10.93	34.26	3	3.45	0.72	9.75	0.39	12.05

二项分布的置信区间（％）（N＝87～89）

置信限的计算方法及未包含在此表中的置信限的内插或外推计算方法见附录 2 和附录 3。

（续）

r	$\frac{r}{N} \times 100$	95% 下限	95% 上限	99% 下限	99% 上限	r	$\frac{r}{N} \times 100$	95% 下限	95% 上限	99% 下限	99% 上限	r	$\frac{r}{N} \times 100$	95% 下限	95% 上限	99% 下限	99% 上限
N=87（续前）						N=87（续前）						N=88（续前）					
4	4.60	1.27	11.36	0.78	13.78	34	39.08	28.79	50.13	25.96	53.43	19	21.59	13.53	31.65	11.53	34.84
5	5.75	1.89	12.90	1.26	15.43	35	40.23	29.85	51.29	26.98	54.58	20	22.73	14.47	32.89	12.40	36.11
6	6.90	2.57	14.41	1.80	17.02	36	41.38	30.92	52.45	28.01	55.72	21	23.86	15.42	34.14	13.29	37.37
7	8.05	3.30	15.88	2.40	18.57	37	42.53	31.99	53.59	29.04	56.85	22	25.00	16.38	35.37	14.18	38.61
8	9.20	4.05	17.32	3.03	20.08	38	43.68	33.06	54.74	30.08	57.98	23	26.14	17.34	36.59	15.09	39.85
9	10.34	4.84	18.73	3.71	21.56	39	44.83	34.15	55.87	31.13	59.10	24	27.27	18.32	37.81	16.00	41.08
10	11.49	5.65	20.12	4.41	23.01	40	45.98	35.23	57.00	32.19	60.21	25	28.41	19.30	39.02	16.93	42.30
11	12.64	6.48	21.50	5.14	24.44	41	47.13	36.33	58.13	33.26	61.32	26	29.55	20.29	40.22	17.86	43.51
12	13.79	7.34	22.85	5.89	25.84	42	48.28	37.42	59.25	34.33	62.42	27	30.68	21.29	41.42	18.80	44.71
13	14.94	8.20	24.20	6.67	27.23	43	49.43	38.53	60.36	35.40	63.51	28	31.82	22.29	42.61	19.76	45.91
14	16.09	9.09	25.52	7.46	28.59	N=88						29	32.95	23.30	43.79	20.72	47.09
15	17.24	9.98	26.84	8.27	29.94	0	0.00	0.00	4.11	0.00	5.84	30	34.09	24.32	44.97	21.68	48.27
16	18.39	10.89	28.14	9.10	31.28	1	1.14	0.03	6.17	0.01	8.14	31	35.23	25.34	46.14	22.66	49.44
17	19.54	11.81	29.43	9.94	32.60	2	2.27	0.28	7.97	0.12	10.11	32	36.36	26.37	47.31	23.65	50.60
18	20.69	12.75	30.71	10.80	33.91	3	3.41	0.71	9.64	0.39	11.92	33	37.50	27.40	48.47	24.64	51.75
19	21.84	13.69	31.98	11.67	35.20	4	4.55	1.25	11.23	0.77	13.63	34	38.64	28.44	49.62	25.64	52.90
20	22.99	14.64	33.25	12.55	36.48	5	5.68	1.87	12.76	1.25	15.26	35	39.77	29.49	50.77	26.64	54.04
21	24.14	15.60	34.50	13.45	37.75	6	6.82	2.54	14.25	1.78	16.84	36	40.91	30.54	51.91	27.66	55.17
22	25.29	16.58	35.75	14.35	39.02	7	7.95	3.26	15.70	2.37	18.37	37	42.05	31.60	53.05	28.68	56.29
23	26.44	17.55	36.98	15.27	40.27	8	9.09	4.01	17.13	3.00	19.87	38	43.18	32.66	54.18	29.71	57.41
24	27.59	18.54	38.21	16.20	41.51	9	10.23	4.78	18.53	3.66	21.33	39	44.32	33.73	55.30	30.74	58.52
25	28.74	19.54	39.43	17.13	42.74	10	11.36	5.59	19.91	4.36	22.77	40	45.45	34.80	56.42	31.79	59.63
26	29.89	20.54	40.65	18.08	43.96	11	12.50	6.41	21.27	5.08	24.18	41	46.59	35.88	57.54	32.84	60.72
27	31.03	21.55	41.86	19.04	45.17	12	13.64	7.25	22.61	5.82	25.57	42	47.73	36.96	58.65	33.89	61.81
28	32.18	22.56	43.06	20.00	46.38	13	14.77	8.11	23.94	6.59	26.94	43	48.86	38.05	59.75	34.96	62.90
29	33.33	23.58	44.25	20.97	47.57	14	15.91	8.98	25.25	7.37	28.29	44	50.00	39.15	60.85	36.03	63.97
30	34.48	24.61	45.44	21.95	48.76	15	17.05	9.87	26.55	8.17	29.63	N=89					
31	35.63	25.65	46.62	22.94	49.94	16	18.18	10.76	27.84	8.99	30.95	0	0.00	0.00	4.06	0.00	5.78
32	36.78	26.69	47.80	23.94	51.11	17	19.32	11.68	29.12	9.82	32.26	1	1.12	0.03	6.10	0.01	8.05
33	37.93	27.74	48.97	24.95	52.27	18	20.45	12.60	30.39	10.67	33.55	2	2.25	0.27	7.88	0.12	10.00

二项分布的置信区间（％）（N＝89～91）

置信限的计算方法及未包含在此表中的置信限的内插或外推计算方法见附录 2 和附录 3。

（续）

r	$P\left(\dfrac{r}{N}\times100\right)$	95% 下限	95% 上限	99% 下限	99% 上限	r	$P\left(\dfrac{r}{N}\times100\right)$	95% 下限	95% 上限	99% 下限	99% 上限	r	$P\left(\dfrac{r}{N}\times100\right)$	95% 下限	95% 上限	99% 下限	99% 上限
	N=89（续前）						N=89（续前）						N=90（续前）				
3	3.37	0.70	9.54	0.38	11.79	33	37.08	27.07	47.97	24.34	51.24	17	18.89	11.41	28.51	9.60	31.60
4	4.49	1.24	11.11	0.77	13.48	34	38.20	28.10	49.11	25.32	52.38	18	20.00	12.31	29.75	10.42	32.87
5	5.62	1.85	12.63	1.23	15.10	35	39.33	29.13	50.25	26.32	53.51	19	21.11	13.21	30.99	11.26	34.13
6	6.74	2.51	14.10	1.76	16.66	36	40.45	30.17	51.38	27.32	54.63	20	22.22	14.13	32.21	12.11	35.38
7	7.87	3.22	15.54	2.34	18.18	37	41.57	31.21	52.51	28.33	55.75	21	23.33	15.06	33.43	12.97	36.61
8	8.99	3.96	16.95	2.96	19.66	38	42.70	32.26	53.63	29.34	56.85	22	24.44	16.00	34.64	13.85	37.84
9	10.11	4.73	18.33	3.62	21.11	39	43.82	33.32	54.75	30.36	57.96	23	25.56	16.94	35.84	14.73	39.05
10	11.24	5.52	19.69	4.31	22.53	40	44.94	34.38	55.86	31.39	59.05	24	26.67	17.89	37.03	15.62	40.26
11	12.36	6.33	21.04	5.02	23.93	41	46.07	35.44	56.96	32.43	60.14	25	27.78	18.85	38.22	16.52	41.46
12	13.48	7.17	22.37	5.75	25.30	42	47.19	36.51	58.06	33.47	61.22	26	28.89	19.82	39.40	17.44	42.65
13	14.61	8.01	23.68	6.51	26.66	43	48.31	37.59	59.16	34.52	62.30	27	30.00	20.79	40.57	18.36	43.83
14	15.73	8.88	24.98	7.29	28.00	44	49.44	38.67	60.25	35.57	63.36	28	31.11	21.77	41.74	19.28	45.00
15	16.85	9.75	26.27	8.08	29.32		N=90					29	32.22	22.75	42.90	20.22	46.16
16	17.98	10.64	27.55	8.89	30.63	0	0.00	0.00	4.02	0.00	5.72	30	33.33	23.74	44.05	21.16	47.32
17	19.10	11.54	28.81	9.71	31.93	1	1.11	0.03	6.04	0.01	7.97	31	34.44	24.74	45.20	22.12	48.47
18	20.22	12.45	30.07	10.55	33.21	2	2.22	0.27	7.80	0.12	9.90	32	35.56	25.74	46.35	23.08	49.61
19	21.35	13.37	31.31	11.39	34.48	3	3.33	0.69	9.43	0.38	11.67	33	36.67	26.75	47.49	24.04	50.74
20	22.47	14.30	32.55	12.26	35.74	4	4.44	1.22	10.99	0.76	13.34	34	37.78	27.77	48.62	25.02	51.87
21	23.60	15.24	33.78	13.13	36.99	5	5.56	1.83	12.49	1.22	14.94	35	38.89	28.79	49.74	26.00	52.99
22	24.72	16.19	35.00	14.01	38.22	6	6.67	2.49	13.95	1.74	16.48	36	40.00	29.81	50.87	26.99	54.10
23	25.84	17.14	36.21	14.91	39.45	7	7.78	3.18	15.37	2.32	17.99	37	41.11	30.84	51.98	27.98	55.21
24	26.97	18.10	37.42	15.81	40.67	8	8.89	3.92	16.77	2.93	19.45	38	42.22	31.88	53.09	28.98	56.31
25	28.09	19.07	38.62	16.72	41.88	9	10.00	4.68	18.14	3.58	20.89	39	43.33	32.92	54.20	29.99	57.40
26	29.21	20.05	39.81	17.65	43.07	10	11.11	5.46	19.49	4.26	22.29	40	44.44	33.96	55.30	31.01	58.49
27	30.34	21.03	40.99	18.58	44.27	11	12.22	6.26	20.82	4.96	23.68	41	45.56	35.02	56.40	32.03	59.57
28	31.46	22.03	42.17	19.52	45.45	12	13.33	7.08	22.13	5.69	25.04	42	46.67	36.07	57.49	33.06	60.64
29	32.58	23.02	43.34	20.47	46.62	13	14.44	7.92	23.43	6.44	26.38	43	47.78	37.13	58.57	34.09	61.71
30	33.71	24.03	44.51	21.42	47.79	14	15.56	8.77	24.72	7.20	27.71	44	48.89	38.20	59.65	35.13	62.77
31	34.83	25.04	45.67	22.39	48.95	15	16.67	9.64	26.00	7.98	29.02	45	50.00	39.27	60.73	36.18	63.82
32	35.96	26.05	46.82	23.36	50.10	16	17.78	10.52	27.26	8.78	30.32						

二项分布的置信区间（％）（N＝91～92）

置信限的计算方法及未包含在此表中的置信限的内插或外推计算方法见附录2和附录3。

（续）

N＝91

r	P $\left(\dfrac{r}{N}\times100\right)$	95% 下限	95% 上限	99% 下限	99% 上限
0	0.00	0.00	3.97	0.00	5.66
1	1.10	0.03	5.97	0.01	7.88
2	2.20	0.27	7.71	0.11	9.79
3	3.30	0.69	9.33	0.37	11.55
4	4.40	1.21	10.87	0.75	13.20
5	5.49	1.81	12.36	1.20	14.78
6	6.59	2.46	13.80	1.72	16.31
7	7.69	3.15	15.21	2.29	17.80
8	8.79	3.87	16.59	2.90	19.25
9	9.89	4.62	17.95	3.54	20.67
10	10.99	5.40	19.28	4.21	22.06
11	12.09	6.19	20.60	4.91	23.43
12	13.19	7.00	21.90	5.62	24.78
13	14.29	7.83	23.19	6.36	26.12
14	15.38	8.67	24.46	7.12	27.43
15	16.48	9.53	25.73	7.89	28.73
16	17.58	10.40	26.98	8.68	30.01
17	18.68	11.28	28.22	9.49	31.28
18	19.78	12.16	29.45	10.30	32.54
19	20.88	13.06	30.67	11.13	33.79
20	21.98	13.97	31.88	11.97	35.02
21	23.08	14.89	33.09	12.82	36.25
22	24.18	15.81	34.28	13.69	37.46
23	25.27	16.75	35.47	14.56	38.66
24	26.37	17.69	36.65	15.44	39.86
25	27.47	18.63	37.83	16.33	41.05
26	28.57	19.59	39.00	17.23	42.22
27	29.67	20.55	40.16	18.14	43.39
28	30.77	21.51	41.32	19.06	44.56
29	31.87	22.49	42.47	19.98	45.71

N＝91（续前）

r	P $\left(\dfrac{r}{N}\times100\right)$	95% 下限	95% 上限	99% 下限	99% 上限
30	32.97	23.47	43.61	20.91	46.85
31	34.07	24.45	44.75	21.85	47.99
32	35.16	25.44	45.88	22.80	49.12
33	36.26	26.44	47.01	23.76	50.25
34	37.36	27.44	48.13	24.72	51.37
35	38.46	28.45	49.25	25.69	52.48
36	39.56	29.46	50.36	26.66	53.58
37	40.66	30.48	51.47	27.65	54.68
38	41.76	31.50	52.57	28.63	55.77
39	42.86	32.53	53.66	29.63	56.85
40	43.96	33.56	54.75	30.63	57.93
41	45.05	34.60	55.84	31.64	59.00
42	46.15	35.64	56.92	32.65	60.07
43	47.25	36.69	58.00	33.68	61.12
44	48.35	37.74	59.07	34.70	62.18
45	49.45	38.80	60.14	35.74	63.22

N＝92

r	P $\left(\dfrac{r}{N}\times100\right)$	95% 下限	95% 上限	99% 下限	99% 上限
0	0.00	0.00	3.93	0.00	5.60
1	1.09	0.03	5.91	0.01	7.80
2	2.17	0.26	7.63	0.11	9.69
3	3.26	0.68	9.24	0.37	11.43
4	4.35	1.20	10.76	0.74	13.06
5	5.43	1.79	12.23	1.19	14.63
6	6.52	2.43	13.66	1.70	16.15
7	7.61	3.11	15.05	2.26	17.62
8	8.70	3.83	16.42	2.86	19.05
9	9.78	4.57	17.76	3.50	20.46
10	10.87	5.34	19.08	4.16	21.84
11	11.96	6.12	20.39	4.85	23.20
12	13.04	6.93	21.68	5.56	24.53

N＝92（续前）

r	P $\left(\dfrac{r}{N}\times100\right)$	95% 下限	95% 上限	99% 下限	99% 上限
13	14.13	7.74	22.95	6.29	25.85
14	15.22	8.58	24.21	7.04	27.15
15	16.30	9.42	25.46	7.80	28.44
16	17.39	10.28	26.70	8.58	29.71
17	18.48	11.15	27.93	9.38	30.97
18	19.57	12.03	29.15	10.18	32.22
19	20.65	12.92	30.36	11.00	33.45
20	21.74	13.81	31.56	11.83	34.67
21	22.83	14.72	32.75	12.68	35.89
22	23.91	15.63	33.94	13.53	37.09
23	25.00	16.55	35.11	14.39	38.28
24	26.09	17.48	36.29	15.26	39.47
25	27.17	18.42	37.45	16.14	40.64
26	28.26	19.36	38.61	17.03	41.81
27	29.35	20.31	39.76	17.93	42.97
28	30.43	21.27	40.90	18.83	44.12
29	31.52	22.23	42.04	19.75	45.27
30	32.61	23.20	43.18	20.67	46.40
31	33.70	24.17	44.30	21.60	47.53
32	34.78	25.15	45.43	22.53	48.65
33	35.87	26.13	46.54	23.48	49.77
34	36.96	27.12	47.66	24.43	50.87
35	38.04	28.12	48.76	25.38	51.98
36	39.13	29.12	49.86	26.35	53.07
37	40.22	30.12	50.96	27.32	54.16
38	41.30	31.13	52.05	28.29	55.24
39	42.39	32.15	53.14	29.28	56.32
40	43.48	33.17	54.22	30.27	57.38
41	44.57	34.19	55.30	31.26	58.45
42	45.65	35.22	56.37	32.26	59.50

二项分布的置信区间（％）（N＝92～94）

置信限的计算方法及未包含在此表中的置信限的内插或外推计算方法见附录2和附录3。

（续）

r	P ($\frac{r}{N}\times100$)	置信区间 95% 下限	95% 上限	99% 下限	99% 上限	r	P ($\frac{r}{N}\times100$)	置信区间 95% 下限	95% 上限	99% 下限	99% 上限	r	P ($\frac{r}{N}\times100$)	置信区间 95% 下限	95% 上限	99% 下限	99% 上限
N=92（续前）						N=93（续前）						N=94（续前）					
43	46.74	36.26	57.44	33.27	60.55	25	26.88	18.21	37.08	15.96	40.25	7	7.45	3.05	14.74	2.21	17.26
44	47.83	37.30	58.50	34.28	61.60	26	27.96	19.14	38.22	16.84	41.41	8	8.51	3.75	16.08	2.80	18.67
45	48.91	38.34	59.56	35.30	62.64	27	29.03	20.08	39.36	17.72	42.56	9	9.57	4.47	17.40	3.42	20.05
46	50.00	39.39	60.61	36.33	63.67	28	30.11	21.03	40.50	18.62	43.70	10	10.64	5.22	18.70	4.07	21.40
N=93						29	31.18	21.98	41.63	19.52	44.83	11	11.70	5.99	19.97	4.74	22.74
0	0.00	0.00	3.89	0.00	5.54	30	32.26	22.93	42.75	20.43	45.96	12	12.77	6.77	21.24	5.44	24.05
1	1.08	0.03	5.85	0.01	7.72	31	33.33	23.89	43.87	21.35	47.08	13	13.83	7.57	22.49	6.15	25.34
2	2.15	0.26	7.55	0.11	9.59	32	34.41	24.86	44.98	22.27	48.19	14	14.89	8.39	23.72	6.88	26.62
3	3.23	0.67	9.14	0.37	11.31	33	35.48	25.83	46.09	23.20	49.29	15	15.96	9.22	24.95	7.63	27.88
4	4.30	1.18	10.65	0.73	12.93	34	36.56	26.81	47.19	24.14	50.39	16	17.02	10.05	26.16	8.39	29.13
5	5.38	1.77	12.10	1.18	14.48	35	37.63	27.79	48.28	25.09	51.48	17	18.09	10.90	27.37	9.17	30.36
6	6.45	2.40	13.52	1.68	15.98	36	38.71	28.78	49.38	26.04	52.57	18	19.15	11.76	28.56	9.96	31.59
7	7.53	3.08	14.90	2.24	17.44	37	39.78	29.78	50.46	27.00	53.65	19	20.21	12.63	29.75	10.76	32.80
8	8.60	3.79	16.25	2.83	18.86	38	40.86	30.77	51.54	27.96	54.72	20	21.28	13.51	30.93	11.57	34.00
9	9.68	4.52	17.58	3.46	20.25	39	41.94	31.78	52.62	28.93	55.79	21	22.34	14.39	32.10	12.39	35.19
10	10.75	5.28	18.89	4.12	21.62	40	43.01	32.78	53.69	29.91	56.85	22	23.40	15.29	33.26	13.22	36.37
11	11.83	6.05	20.18	4.80	22.96	41	44.09	33.80	54.76	30.89	57.90	23	24.47	16.19	34.42	14.07	37.54
12	12.90	6.85	21.45	5.50	24.29	42	45.16	34.81	55.83	31.88	58.95	24	25.53	17.09	35.57	14.92	38.71
13	13.98	7.66	22.72	6.22	25.59	43	46.24	35.84	56.88	32.87	59.99	25	26.60	18.01	36.71	15.78	39.86
14	15.05	8.48	23.97	6.96	26.88	44	47.31	36.86	57.94	33.88	61.03	26	27.66	18.93	37.85	16.65	41.01
15	16.13	9.32	25.20	7.72	28.16	45	48.39	37.89	58.99	34.88	62.06	27	28.72	19.86	38.98	17.52	42.15
16	17.20	10.17	26.43	8.49	29.42	46	49.46	38.93	60.03	35.90	63.09	28	29.79	20.79	40.10	18.41	43.28
17	18.28	11.02	27.65	9.27	30.66	N=94						29	30.85	21.73	41.22	19.30	44.40
18	19.35	11.89	28.85	10.07	31.90	0	0.00	0.00	3.85	0.00	5.48	30	31.91	22.67	42.33	20.20	45.52
19	20.43	12.77	30.05	10.88	33.12	1	1.06	0.03	5.79	0.01	7.64	31	32.98	23.62	43.44	21.10	46.63
20	21.51	13.66	31.24	11.70	34.33	2	2.13	0.26	7.48	0.11	9.49	32	34.04	24.58	44.54	22.02	47.73
21	22.58	14.55	32.42	12.53	35.54	3	3.19	0.66	9.04	0.36	11.19	33	35.11	25.54	45.64	22.94	48.83
22	23.66	15.46	33.60	13.37	36.73	4	4.26	1.17	10.54	0.72	12.80	34	36.17	26.51	46.73	23.86	49.92
23	24.73	16.37	34.76	14.23	37.91	5	5.32	1.75	11.98	1.16	14.33	35	37.23	27.48	47.82	24.80	51.00
24	25.81	17.29	35.92	15.09	39.08	6	6.38	2.38	13.38	1.67	15.82	36	38.30	28.46	48.90	25.74	52.08

二项分布的置信区间（％）（N＝94～96）

置信限的计算方法及未包含在此表中的置信限的内插或外推计算方法见附录 2 和附录 3。

（续）

N＝94（续前）

r	P ($\frac{r}{N}\times100$)	95% 下限	95% 上限	99% 下限	99% 上限
37	39.36	29.44	49.98	26.68	53.15
38	40.43	30.42	51.05	27.64	54.21
39	41.49	31.41	52.12	28.59	55.27
40	42.55	32.41	53.18	29.56	56.32
41	43.62	33.41	54.24	30.53	57.37
42	44.68	34.41	55.29	31.51	58.41
43	45.74	35.42	56.34	32.49	59.44
44	46.81	36.44	57.39	33.48	60.47
45	47.87	37.46	58.43	34.47	61.50
46	48.94	38.48	59.46	35.47	62.51
47	50.00	39.51	60.49	36.48	63.52

N＝95

r	P ($\frac{r}{N}\times100$)	95% 下限	95% 上限	99% 下限	99% 上限
0	0.00	0.00	3.81	0.00	5.42
1	1.05	0.03	5.73	0.01	7.56
2	2.11	0.26	7.40	0.11	9.40
3	3.16	0.66	8.95	0.36	11.08
4	4.21	1.16	10.43	0.72	12.67
5	5.26	1.73	11.86	1.15	14.19
6	6.32	2.35	13.24	1.65	15.66
7	7.37	3.01	14.59	2.19	17.09
8	8.42	3.71	15.92	2.77	18.49
9	9.47	4.42	17.22	3.39	19.85
10	10.53	5.16	18.51	4.03	21.19
11	11.58	5.92	19.77	4.69	22.51
12	12.63	6.70	21.03	5.38	23.81
13	13.68	7.49	22.26	6.08	25.09
14	14.74	8.30	23.49	6.81	26.36
15	15.79	9.12	24.70	7.55	27.61
16	16.84	9.94	25.90	8.30	28.84
17	17.89	10.78	27.10	9.07	30.07
18	18.95	11.63	28.28	9.85	31.28
19	20.00	12.49	29.46	10.64	32.48
20	21.05	13.36	30.62	11.44	33.67
21	22.11	14.23	31.78	12.25	34.85
22	23.16	15.12	32.94	13.08	36.02
23	24.21	16.01	34.08	13.91	37.18
24	25.26	16.91	35.22	14.75	38.34
25	26.32	17.81	36.35	15.60	39.48
26	27.37	18.72	37.48	16.46	40.62
27	28.42	19.64	38.60	17.32	41.75
28	29.47	20.56	39.71	18.20	42.87
29	30.53	21.49	40.82	19.08	43.98
30	31.58	22.42	41.92	19.97	45.09
31	32.63	23.36	43.02	20.86	46.19
32	33.68	24.31	44.11	21.77	47.28
33	34.74	25.26	45.20	22.68	48.37
34	35.79	26.21	46.28	23.59	49.45
35	36.84	27.17	47.36	24.51	50.53
36	37.89	28.14	48.43	25.44	51.59
37	38.95	29.11	49.50	26.38	52.66
38	40.00	30.08	50.56	27.32	53.71
39	41.05	31.06	51.62	28.26	54.76
40	42.11	32.04	52.67	29.22	55.81
41	43.16	33.03	53.72	30.18	56.84
42	44.21	34.02	54.77	31.14	57.88
43	45.26	35.02	55.81	32.11	58.90
44	46.32	36.02	56.85	33.09	59.92
45	47.37	37.03	57.88	34.07	60.94
46	48.42	38.04	58.90	35.06	61.95
47	49.47	39.05	59.93	36.05	62.95

N＝96

r	P ($\frac{r}{N}\times100$)	95% 下限	95% 上限	99% 下限	99% 上限
0	0.00	0.00	3.77	0.00	5.37
1	1.04	0.03	5.67	0.01	7.49
2	2.08	0.25	7.32	0.11	9.30
3	3.13	0.65	8.86	0.36	10.97
4	4.17	1.15	10.33	0.71	12.54
5	5.21	1.71	11.74	1.14	14.05
6	6.25	2.33	13.11	1.63	15.51
7	7.29	2.98	14.45	2.17	16.92
8	8.33	3.67	15.76	2.74	18.30
9	9.38	4.38	17.05	3.35	19.66
10	10.42	5.11	18.32	3.98	20.99
11	11.46	5.86	19.58	4.64	22.29
12	12.50	6.63	20.82	5.32	23.58
13	13.54	7.41	22.04	6.02	24.85
14	14.58	8.21	23.26	6.73	26.10
15	15.63	9.02	24.46	7.47	27.34
16	16.67	9.84	25.65	8.21	28.57
17	17.71	10.67	26.83	8.97	29.78
18	18.75	11.51	28.00	9.74	30.98
19	19.79	12.36	29.17	10.52	32.17
20	20.83	13.21	30.33	11.32	33.35
21	21.88	14.08	31.47	12.12	34.52
22	22.92	14.95	32.61	12.93	35.68
23	23.96	15.83	33.75	13.76	36.83
24	25.00	16.72	34.88	14.59	37.97
25	26.04	17.62	36.00	15.43	39.11
26	27.08	18.52	37.11	16.28	40.24
27	28.13	19.42	38.22	17.13	41.36
28	29.17	20.33	39.33	18.00	42.47
29	30.21	21.25	40.43	18.87	43.57

二项分布的置信区间（％）（N＝96～98）

置信限的计算方法及未包含在此表中的置信限的内插或外推计算方法见附录2和附录3。

（续）

r	P ($\frac{r}{N} \times 100$)	95% 下限	95% 上限	99% 下限	99% 上限
		N=96（续前）			
30	31.25	22.18	41.52	19.75	44.67
31	32.29	23.10	42.61	20.63	45.76
32	33.33	24.04	43.69	21.52	46.85
33	34.38	24.98	44.77	22.42	47.92
34	35.42	25.92	45.84	23.33	48.99
35	36.46	26.87	46.91	24.24	50.06
36	37.50	27.82	47.97	25.16	51.12
37	38.54	28.78	49.03	26.08	52.17
38	39.58	29.75	50.08	27.01	53.22
39	40.63	30.71	51.13	27.94	54.26
40	41.67	31.68	52.18	28.88	55.30
41	42.71	32.66	53.22	29.83	56.33
42	43.75	33.64	54.25	30.78	57.35
43	44.79	34.63	55.29	31.74	58.37
44	45.83	35.62	56.31	32.71	59.38
45	46.88	36.61	57.34	33.68	60.39
46	47.92	37.61	58.36	34.65	61.39
47	48.96	38.61	59.37	35.63	62.39
48	50.00	39.62	60.38	36.62	63.38
		N=97			
0	0.00	0.00	3.73	0.00	5.32
1	1.03	0.03	5.61	0.01	7.41
2	2.06	0.25	7.25	0.11	9.21
3	3.09	0.64	8.77	0.35	10.86
4	4.12	1.13	10.22	0.70	12.42
5	5.15	1.69	11.62	1.13	13.91
6	6.19	2.30	12.98	1.61	15.35
7	7.22	2.95	14.30	2.14	16.76
8	8.25	3.63	15.61	2.71	18.13
9	9.28	4.33	16.88	3.31	19.47

r	P ($\frac{r}{N} \times 100$)	95% 下限	95% 上限	99% 下限	99% 上限
		N=97（续前）			
10	10.31	5.06	18.14	3.94	20.78
11	11.34	5.80	19.39	4.59	22.08
12	12.37	6.56	20.61	5.26	23.35
13	13.40	7.33	21.83	5.95	24.61
14	14.43	8.12	23.03	6.66	25.85
15	15.46	8.92	24.22	7.39	27.08
16	16.49	9.73	25.40	8.12	28.29
17	17.53	10.55	26.57	8.87	29.50
18	18.56	11.38	27.73	9.63	30.69
19	19.59	12.22	28.89	10.41	31.87
20	20.62	13.07	30.03	11.19	33.03
21	21.65	13.93	31.17	11.99	34.19
22	22.68	14.79	32.30	12.79	35.34
23	23.71	15.66	33.42	13.61	36.49
24	24.74	16.54	34.54	14.43	37.62
25	25.77	17.42	35.65	15.26	38.74
26	26.80	18.32	36.76	16.10	39.86
27	27.84	19.21	37.86	16.94	40.97
28	28.87	20.11	38.96	17.80	42.07
29	29.90	21.02	40.04	18.66	43.17
30	30.93	21.93	41.12	19.53	44.26
31	31.96	22.85	42.20	20.40	45.34
32	32.99	23.78	43.27	21.28	46.41
33	34.02	24.70	44.34	22.17	47.48
34	35.05	25.64	45.41	23.07	48.55
35	36.08	26.58	46.46	23.97	49.60
36	37.11	27.52	47.52	24.87	50.65
37	38.14	28.47	48.57	25.79	51.70
38	39.18	29.42	49.61	26.70	52.74
39	40.21	30.37	50.65	27.63	53.77

r	P ($\frac{r}{N} \times 100$)	95% 下限	95% 上限	99% 下限	99% 上限
		N=97（续前）			
40	41.24	31.33	51.69	28.56	54.80
41	42.27	32.30	52.72	29.49	55.82
42	43.30	33.27	53.75	30.44	56.84
43	44.33	34.24	54.77	31.38	57.85
44	45.36	35.22	55.79	32.33	58.85
45	46.39	36.20	56.81	33.29	59.86
46	47.42	37.19	57.82	34.26	60.85
47	48.45	38.18	58.82	35.22	61.84
48	49.48	39.17	59.83	36.20	62.82
		N=98			
0	0.00	0.00	3.69	0.00	5.26
1	1.02	0.03	5.55	0.01	7.34
2	2.04	0.25	7.18	0.11	9.12
3	3.06	0.64	8.69	0.35	10.75
4	4.08	1.12	10.12	0.69	12.30
5	5.10	1.68	11.51	1.12	13.78
6	6.12	2.28	12.85	1.60	15.21
7	7.14	2.92	14.16	2.12	16.60
8	8.16	3.59	15.45	2.67	17.95
9	9.18	4.29	16.72	3.28	19.28
10	10.20	5.00	17.97	3.90	20.58
11	11.22	5.74	19.20	4.54	21.87
12	12.24	6.49	20.41	5.21	23.13
13	13.27	7.26	21.62	5.89	24.38
14	14.29	8.04	22.81	6.59	25.61
15	15.31	8.83	23.99	7.31	26.82
16	16.33	9.63	25.16	8.04	28.03
17	17.35	10.44	26.31	8.78	29.22
18	18.37	11.26	27.47	9.53	30.40
19	19.39	12.10	28.61	10.30	31.57

二项分布的置信区间（％）（$N=98\sim100$）

置信限的计算方法及未包含在此表中的置信限的内插或外推计算方法见附录 2 和附录 3。

（续）

r	$P\left(\dfrac{r}{N}\times100\right)$	置信区间 95% 下限	95% 上限	99% 下限	99% 上限	r	$P\left(\dfrac{r}{N}\times100\right)$	置信区间 95% 下限	95% 上限	99% 下限	99% 上限	r	$P\left(\dfrac{r}{N}\times100\right)$	置信区间 95% 下限	95% 上限	99% 下限	99% 上限
		$N=98$（续前）						$N=99$						$N=99$ 续前			
20	20.41	12.93	29.74	11.07	32.72	0	0.00	0.00	3.66	0.00	5.21	30	30.30	21.47	40.36	19.11	43.45
21	21.43	13.78	30.87	11.86	33.87	1	1.01	0.03	5.50	0.01	7.27	31	31.31	22.36	41.41	19.96	44.52
22	22.45	14.64	31.99	12.65	35.01	2	2.02	0.25	7.11	0.11	9.03	32	32.32	23.27	42.47	20.82	45.57
23	23.47	15.50	33.11	13.46	36.15	3	3.03	0.63	8.60	0.34	10.65	33	33.33	24.18	43.52	21.69	46.63
24	24.49	16.36	34.21	14.27	37.27	4	4.04	1.11	10.02	0.69	12.18	34	34.34	25.09	44.56	22.56	47.67
25	25.51	17.24	35.31	15.09	38.38	5	5.05	1.66	11.39	1.11	13.64	35	35.35	26.01	45.60	23.44	48.71
26	26.53	18.12	36.41	15.92	39.49	6	6.06	2.26	12.73	1.58	15.06	36	36.36	26.93	46.64	24.33	49.75
27	27.55	19.01	37.50	16.76	40.59	7	7.07	2.89	14.03	2.10	16.44	37	37.37	27.85	47.67	25.22	50.77
28	28.57	19.90	38.58	17.60	41.69	8	8.08	3.55	15.30	2.66	17.78	38	38.38	28.78	48.70	26.12	51.80
29	29.59	20.79	39.66	18.46	42.77	9	9.09	4.24	16.56	3.25	19.10	39	39.39	29.72	49.72	27.02	52.81
30	30.61	21.70	40.74	19.31	43.85	10	10.10	4.95	17.79	3.86	20.39	40	40.40	30.66	50.74	27.93	53.83
31	31.63	22.61	41.80	20.18	44.92	11	11.11	5.68	19.01	4.50	21.66	41	41.41	31.60	51.76	28.84	54.83
32	32.65	23.52	42.87	21.05	45.99	12	12.12	6.42	20.22	5.15	22.91	42	42.42	32.55	52.77	29.76	55.83
33	33.67	24.44	43.93	21.93	47.05	13	13.13	7.18	21.41	5.83	24.15	43	43.43	33.50	53.77	30.69	56.83
34	34.69	25.36	44.98	22.81	48.11	14	14.14	7.95	22.59	6.52	25.37	44	44.44	34.45	54.78	31.62	57.82
35	35.71	26.29	46.03	23.70	49.15	15	15.15	8.74	23.76	7.23	26.57	45	45.45	35.41	55.77	32.55	58.81
36	36.73	27.22	47.07	24.60	50.20	16	16.16	9.53	24.91	7.95	27.76	46	46.46	36.38	56.77	33.49	59.79
37	37.76	28.16	48.12	25.50	51.23	17	17.17	10.33	26.06	8.69	28.94	47	47.47	37.34	57.76	34.44	60.76
38	38.78	29.10	49.15	26.41	52.26	18	18.18	11.15	27.20	9.43	30.11	48	48.48	38.32	58.75	35.39	61.73
39	39.80	30.04	50.18	27.32	53.29	19	19.19	11.97	28.34	10.19	31.27	49	49.49	39.29	59.73	36.34	62.70
40	40.82	30.99	51.21	28.24	54.31	20	20.20	12.80	29.46	10.96	32.42			$N=100$			
41	41.84	31.95	52.23	29.17	55.32	21	21.21	13.64	30.58	11.73	33.56	0	0.00	0.00	3.62	0.00	5.16
42	42.86	32.90	53.25	30.10	56.33	22	22.22	14.48	31.69	12.52	34.69	1	1.00	0.03	5.45	0.01	7.20
43	43.88	33.87	54.27	31.03	57.34	23	23.23	15.33	32.79	13.32	35.81	2	2.00	0.24	7.04	0.10	8.94
44	44.90	34.83	55.28	31.97	58.33	24	24.24	16.19	33.89	14.12	36.93	3	3.00	0.62	8.52	0.34	10.55
45	45.92	35.80	56.29	32.92	59.33	25	25.25	17.06	34.98	14.93	38.03	4	4.00	1.10	9.93	0.68	12.06
46	46.94	36.78	57.29	33.87	60.31	26	26.26	17.93	36.07	15.75	39.13	5	5.00	1.64	11.28	1.09	13.51
47	47.96	37.76	58.29	34.82	61.30	27	27.27	18.80	37.15	16.58	40.22	6	6.00	2.23	12.60	1.56	14.92
48	48.98	38.74	59.28	35.79	62.27	28	28.28	19.69	38.22	17.42	41.31	7	7.00	2.86	13.89	2.08	16.28
49	50.00	39.73	60.27	36.75	63.25	29	29.29	20.57	39.29	18.26	42.38	8	8.00	3.52	15.16	2.63	17.61

二项分布的置信区间（％）（N＝100～125）

置信限的计算方法及未包含在此表中的置信限的内插或外推计算方法见附录2和附录3。

（续）

r	P $\left(\dfrac{r}{N}\times100\right)$	置信区间 95% 下限	置信区间 95% 上限	置信区间 99% 下限	置信区间 99% 上限
		N=100（续前）			
9	9.00	4.20	16.40	3.21	18.92
10	10.00	4.90	17.62	3.82	20.20
11	11.00	5.62	18.83	4.45	21.45
12	12.00	6.36	20.02	5.10	22.70
13	13.00	7.11	21.20	5.77	23.92
14	14.00	7.87	22.37	6.45	25.13
15	15.00	8.65	23.53	7.15	26.32
16	16.00	9.43	24.68	7.87	27.51
17	17.00	10.23	25.82	8.59	28.68
18	18.00	11.03	26.95	9.33	29.84
19	19.00	11.84	28.07	10.08	30.98
20	20.00	12.67	29.18	10.84	32.12
21	21.00	13.49	30.29	11.61	33.25
22	22.00	14.33	31.39	12.39	34.37
23	23.00	15.17	32.49	13.18	35.49
24	24.00	16.02	33.57	13.97	36.59
25	25.00	16.88	34.66	14.77	37.69
26	26.00	17.74	35.73	15.59	38.77
27	27.00	18.61	36.80	16.40	39.86
28	28.00	19.48	37.87	17.23	40.93
29	29.00	20.36	38.98	18.06	42.00
30	30.00	21.24	39.98	18.90	43.06
31	31.00	22.13	41.03	19.75	44.12
32	32.00	23.02	42.08	20.60	45.17
33	33.00	23.92	43.12	21.46	46.21
34	34.00	24.82	44.15	22.32	47.25
35	35.00	25.73	45.18	23.19	48.28
36	36.00	26.64	46.21	24.07	49.30
37	37.00	27.56	47.24	24.95	50.32
38	38.00	28.48	48.25	25.84	51.34

r	P $\left(\dfrac{r}{N}\times100\right)$	置信区间 95% 下限	置信区间 95% 上限	置信区间 99% 下限	置信区间 99% 上限
		N=100（续前）			
39	39.00	29.40	49.27	26.73	52.35
40	40.00	30.33	50.28	27.63	53.35
41	41.00	31.26	51.29	28.53	54.35
42	42.00	32.20	52.29	29.44	55.35
43	43.00	33.14	53.29	30.35	56.33
44	44.00	34.08	54.28	31.27	57.32
45	45.00	35.03	55.27	32.19	58.30
46	46.00	35.98	56.26	33.12	59.27
47	47.00	36.94	57.24	34.06	60.24
48	48.00	37.90	58.22	34.99	61.20
49	49.00	38.86	59.20	35.94	62.16
50	50.00	39.83	60.17	36.89	63.11
		N=125			
0	0.00	0.00	2.91	0.00	4.15
1	0.80	0.02	4.38	0.00	5.79
2	1.60	0.19	5.66	0.08	7.21
3	2.40	0.50	6.85	0.27	8.51
4	3.20	0.88	7.99	0.54	9.73
5	4.00	1.31	9.09	0.87	10.91
6	4.80	1.78	10.15	1.25	12.05
7	5.60	2.28	11.20	1.66	13.16
8	6.40	2.80	12.22	2.09	14.24
9	7.20	3.35	13.23	2.56	15.30
10	8.00	3.90	14.22	3.04	16.35
11	8.80	4.48	15.20	3.54	17.37
12	9.60	5.06	16.17	4.05	18.39
13	10.40	5.65	17.13	4.58	19.39
14	11.20	6.26	18.08	5.13	20.37
15	12.00	6.87	19.02	5.68	21.35
16	12.80	7.50	19.95	6.24	22.32

r	P $\left(\dfrac{r}{N}\times100\right)$	置信区间 95% 下限	置信区间 95% 上限	置信区间 99% 下限	置信区间 99% 上限
		N=125（续前）			
17	13.60	8.13	20.88	6.82	23.28
18	14.40	8.76	21.80	7.40	24.23
19	15.20	9.41	22.71	7.99	25.17
20	16.00	10.06	23.62	8.59	26.11
21	16.80	10.71	24.53	9.19	27.03
22	17.60	11.37	25.43	9.81	27.96
23	18.40	12.04	26.32	10.43	28.87
24	19.20	12.71	27.21	11.05	29.78
25	20.00	13.38	28.09	11.68	30.68
26	20.80	14.06	28.97	12.32	31.58
27	21.60	14.74	29.85	12.96	32.48
28	22.40	15.43	30.72	13.61	33.36
29	23.20	16.12	31.59	14.26	34.25
30	24.00	16.82	32.46	14.92	35.13
31	24.80	17.51	33.32	15.58	36.00
32	25.60	18.22	34.18	16.25	36.87
33	26.40	18.92	35.03	16.92	37.74
34	27.20	19.63	35.88	17.59	38.60
35	28.00	20.34	36.73	18.27	39.46
36	28.80	21.05	37.58	18.95	40.31
37	29.60	21.77	38.42	19.64	41.16
38	30.40	22.49	39.26	20.33	42.01
39	31.20	23.22	40.10	21.03	42.85
40	32.00	23.94	40.93	21.72	43.69
41	32.80	24.67	41.77	22.42	44.52
42	33.60	25.40	42.60	23.13	45.36
43	34.40	26.14	43.42	23.84	46.18
44	35.20	26.87	44.25	24.55	47.01
45	36.00	27.61	45.07	25.26	47.83
46	36.80	28.35	45.89	25.98	48.65

二项分布的置信区间（％）（N＝125～150）

置信限的计算方法及未包含在此表中的置信限的内插或外推计算方法见附录 2 和附录 3。

（续）

r	P ($\frac{r}{N}\times100$)	置信区间 95% 下限	95% 上限	99% 下限	99% 上限	r	P ($\frac{r}{N}\times100$)	置信区间 95% 下限	95% 上限	99% 下限	99% 上限	r	P ($\frac{r}{N}\times100$)	置信区间 95% 下限	95% 上限	99% 下限	99% 上限
		N=125（续前）						N=150（续前）						N=150（续前）			
47	37.60	29.10	46.70	26.70	49.47	13	8.67	4.70	14.36	3.80	16.29	43	28.67	21.59	36.61	19.64	39.09
48	38.40	29.84	47.52	27.43	50.28	14	9.33	5.20	15.16	4.25	17.13	44	29.33	22.19	37.31	20.22	39.80
49	39.20	30.59	48.33	28.16	51.09	15	10.00	5.71	15.96	4.71	17.96	45	30.00	22.80	38.01	20.80	40.50
50	40.00	31.34	49.14	28.89	51.90	16	10.67	6.22	16.74	5.18	18.77	46	30.67	23.41	38.71	21.39	41.21
51	40.80	32.10	49.95	29.62	52.70	17	11.33	6.74	17.52	5.65	19.59	47	31.33	24.02	39.41	21.98	41.91
52	41.60	32.85	50.75	30.36	53.50	18	12.00	7.27	18.30	6.13	20.39	48	32.00	24.63	40.10	22.57	42.61
53	42.40	33.61	51.56	31.10	54.30	19	12.67	7.80	19.07	6.62	21.19	49	32.67	25.24	40.79	23.16	43.30
54	43.20	34.37	52.36	31.84	55.09	20	13.33	8.34	19.84	7.11	21.98	50	33.33	25.86	41.48	23.76	44.00
55	44.00	35.14	53.16	32.58	55.88	21	14.00	8.88	20.60	7.61	22.77	51	34.00	26.47	42.17	24.35	44.69
56	44.80	35.90	53.96	33.33	56.67	22	14.67	9.43	21.36	8.12	23.55	52	34.67	27.09	42.86	24.95	45.38
57	45.60	36.67	54.75	34.08	57.46	23	15.33	9.98	22.11	8.63	24.33	53	35.33	27.71	43.55	25.56	46.07
58	46.40	37.44	55.54	34.84	58.24	24	16.00	10.53	22.86	9.14	25.10	54	36.00	28.33	44.23	26.16	46.75
59	47.20	38.21	56.33	35.60	59.02	25	16.67	11.09	23.61	9.66	25.87	55	36.67	28.96	44.92	26.77	47.44
60	48.00	38.98	57.11	36.36	59.80	26	17.33	11.65	24.36	10.19	26.63	56	37.33	29.58	45.60	27.37	48.12
61	48.80	39.76	57.90	37.12	60.57	27	18.00	12.21	25.10	10.72	27.39	57	38.00	30.21	46.28	27.98	48.80
62	49.60	40.54	58.68	37.89	61.35	28	18.67	12.78	25.84	11.25	28.15	58	38.67	30.84	46.95	28.60	49.48
		N=150				29	19.33	13.35	26.57	11.79	28.90	59	39.33	31.47	47.63	29.21	50.15
0	0.00	0.00	2.43	0.00	3.47	30	20.00	13.92	27.30	12.33	29.64	60	40.00	32.10	48.31	29.83	50.82
1	0.67	0.02	3.66	0.00	4.85	31	20.67	14.49	28.03	12.87	30.39	61	40.67	32.73	48.98	30.44	51.50
2	1.33	0.16	4.73	0.07	6.03	32	21.33	15.07	28.76	13.42	31.13	62	41.33	33.36	49.65	31.06	52.17
3	2.00	0.41	5.73	0.23	7.13	33	22.00	15.65	29.49	13.97	31.87	63	42.00	34.00	50.32	31.69	52.83
4	2.67	0.73	6.69	0.45	8.16	34	22.67	16.24	30.21	14.52	32.60	64	42.67	34.64	50.99	32.31	53.50
5	3.33	1.09	7.61	0.73	9.15	35	23.33	16.82	30.93	15.08	33.34	65	43.33	35.27	51.66	32.94	54.17
6	4.00	1.48	8.50	1.04	10.11	36	24.00	17.41	31.65	15.64	34.06	66	44.00	35.91	52.33	33.56	54.83
7	4.67	1.90	9.38	1.38	11.04	37	24.67	18.00	32.36	16.20	34.79	67	44.67	36.55	52.99	34.19	55.49
8	5.33	2.33	10.24	1.74	11.95	38	25.33	18.59	33.07	16.77	35.51	68	45.33	37.20	53.66	34.82	56.15
9	6.00	2.78	11.08	2.12	12.85	39	26.00	19.19	33.79	17.34	36.23	69	46.00	37.84	54.32	35.46	56.80
10	6.67	3.24	11.92	2.52	13.73	40	26.67	19.78	34.49	17.91	36.95	70	46.67	38.49	54.98	36.09	57.46
11	7.33	3.72	12.74	2.94	14.60	41	27.33	20.38	35.20	18.48	37.67	71	47.33	39.13	55.64	36.73	58.11
12	8.00	4.20	13.56	3.36	15.45	42	28.00	20.98	35.91	19.06	38.38	72	48.00	39.78	56.30	37.37	58.76

二项分布的置信区间（%）（N＝150～300）

置信限的计算方法及未包含在此表中的置信限的内插或外推计算方法见附录2和附录3。

（续）

r	$P\left(\dfrac{r}{N}\times100\right)$	95% 下限	95% 上限	99% 下限	99% 上限	r	$P\left(\dfrac{r}{N}\times100\right)$	95% 下限	95% 上限	99% 下限	99% 上限	r	$P\left(\dfrac{r}{N}\times100\right)$	95% 下限	95% 上限	99% 下限	99% 上限
N=150（续前）						N=200（续前）						N=300					
73	48.67	40.43	56.95	38.01	59.41	26	13.00	8.67	18.47	7.57	20.26	0	0.00	0.00	1.22	0.00	1.75
74	49.33	41.08	57.61	38.65	60.06	27	13.50	9.09	19.03	7.96	20.85	1	0.33	0.01	1.84	0.00	2.45
75	50.00	41.74	58.26	39.29	60.71	28	14.00	9.51	19.59	8.35	21.43	2	0.67	0.08	2.39	0.03	3.05
N=200						29	14.50	9.93	20.16	8.75	22.00	3	1.00	0.21	2.89	0.11	3.61
0	0.00	0.00	1.83	0.00	2.61	30	15.00	10.35	20.72	9.15	22.58	4	1.33	0.36	3.38	0.22	4.14
1	0.50	0.01	2.75	0.00	3.66	31	15.50	10.78	21.27	9.55	23.15	5	1.67	0.54	3.85	0.36	4.65
2	1.00	0.12	3.57	0.05	4.55	32	16.00	11.21	21.83	9.95	23.72	6	2.00	0.74	4.30	0.52	5.14
3	1.50	0.31	4.32	0.17	5.38	33	16.50	11.64	22.38	10.36	24.29	7	2.33	0.94	4.75	0.68	5.62
4	2.00	0.55	5.04	0.34	6.16	34	17.00	12.07	22.94	10.77	24.86	8	2.67	1.16	5.19	0.86	6.08
5	2.50	0.82	5.74	0.54	6.91	35	17.50	12.50	23.49	11.18	25.42	9	3.00	1.38	5.62	1.05	6.54
6	3.00	1.11	6.42	0.78	7.64	36	18.00	12.94	24.04	11.59	25.99	10	3.33	1.61	6.04	1.25	7.00
7	3.50	1.42	7.08	1.03	8.35	37	18.50	13.37	24.59	12.00	26.55	11	3.67	1.84	6.47	1.45	7.44
8	4.00	1.74	7.73	1.30	9.05	38	19.00	13.81	25.13	12.42	27.11	12	4.00	2.08	6.88	1.66	7.89
9	4.50	2.08	8.37	1.59	9.73	39	19.50	14.25	25.68	12.84	27.66	13	4.33	2.33	7.30	1.88	8.32
10	5.00	2.42	9.00	1.88	10.40	40	20.00	14.69	26.22	13.26	28.22	14	4.67	2.57	7.71	2.10	8.75
11	5.50	2.78	9.63	2.19	11.06	41	20.50	15.13	26.77	13.68	28.77	15	5.00	2.83	8.11	2.33	9.18
12	6.00	3.14	10.25	2.51	11.71	42	21.00	15.57	27.31	14.10	29.32	16	5.33	3.08	8.52	2.55	9.61
13	6.50	3.51	10.86	2.84	12.35	43	21.50	16.02	27.85	14.53	29.87	17	5.67	3.34	8.92	2.79	10.03
14	7.00	3.88	11.47	3.17	12.99	44	22.00	16.46	28.39	14.95	30.42	18	6.00	3.59	9.32	3.02	10.45
15	7.50	4.26	12.07	3.51	13.62	45	22.50	16.91	28.92	15.38	30.97	19	6.33	3.86	9.71	3.26	10.86
16	8.00	4.64	12.67	3.86	14.25	46	23.00	17.36	29.46	15.81	31.51	20	6.67	4.12	10.11	3.50	11.27
17	8.50	5.03	13.26	4.21	14.87	47	23.50	17.81	30.00	16.24	32.06	21	7.00	4.39	10.50	3.75	11.68
18	9.00	5.42	13.85	4.57	15.48	48	24.00	18.26	30.53	16.67	32.60	22	7.33	4.65	10.89	3.99	12.09
19	9.50	5.82	14.44	4.93	16.09	49	24.50	18.71	31.06	17.11	33.14	23	7.67	4.92	11.28	4.24	12.50
20	10.00	6.22	15.02	5.29	16.70	50	25.00	19.16	31.60	17.54	33.68	24	8.00	5.19	11.67	4.49	12.90
21	10.50	6.62	15.60	5.66	17.30	60	30.00	23.74	36.86	21.97	39.01	25	8.33	5.47	12.06	4.75	13.30
22	11.00	7.02	16.18	6.04	17.90	70	35.00	28.41	42.05	26.51	44.22	26	8.67	5.74	12.44	5.00	13.70
23	11.50	7.43	16.75	6.42	18.50	80	40.00	33.15	47.15	31.16	49.33	27	9.00	6.01	12.82	5.26	14.10
24	12.00	7.84	17.33	6.80	19.09	90	45.00	37.98	52.18	35.90	54.34	28	9.33	6.29	13.21	5.52	14.49
25	12.50	8.26	17.90	7.18	19.68	100	50.00	42.87	57.13	40.74	59.26	29	9.67	6.57	13.59	5.78	14.89

二项分布的置信区间（％）（N＝300～400）

置信限的计算方法及未包含在此表中的置信限的内插或外推计算方法见附录 2 和附录 3。

（续）

N＝300（续前）

r	P ($\frac{r}{N}\times100$)	95% 下限	95% 上限	99% 下限	99% 上限
30	10.00	6.85	13.97	6.04	15.28
31	10.33	7.13	14.35	6.30	15.67
32	10.67	7.41	14.72	6.57	16.06
33	11.00	7.69	15.10	6.83	16.45
34	11.33	7.98	15.48	7.10	16.84
35	11.67	8.26	15.85	7.37	17.23
36	12.00	8.55	16.22	7.64	17.61
37	12.33	8.83	16.60	7.91	18.00
38	12.67	9.12	16.97	8.18	18.38
39	13.00	9.41	17.34	8.45	18.76
40	13.33	9.70	17.71	8.73	19.14
41	13.67	9.99	18.08	9.00	19.52
42	14.00	10.28	18.45	9.28	19.90
43	14.33	10.57	18.82	9.56	20.28
44	14.67	10.86	19.18	9.84	20.65
45	15.00	11.16	19.55	10.12	21.03
46	15.33	11.45	19.92	10.40	21.41
47	15.67	11.74	20.28	10.68	21.78
48	16.00	12.04	20.65	10.96	22.15
49	16.33	12.33	21.01	11.24	22.53
50	16.67	12.63	21.38	11.53	22.90
60	20.00	15.62	24.98	14.40	26.58
70	23.33	18.66	28.54	17.35	30.19
80	26.67	21.75	32.05	20.34	33.75
90	30.00	24.87	35.53	23.39	37.27
100	33.33	28.02	38.98	26.47	40.74
125	41.67	36.03	47.47	34.35	49.25
150	50.00	44.20	55.80	42.45	57.55

N＝400

r	P ($\frac{r}{N}\times100$)	95% 下限	95% 上限	99% 下限	99% 上限
0	0.00	0.00	0.92	0.00	1.32

N＝400（续前）

r	P ($\frac{r}{N}\times100$)	95% 下限	95% 上限	99% 下限	99% 上限
1	0.25	0.01	1.38	0.00	1.84
2	0.50	0.06	1.79	0.03	2.30
3	0.75	0.15	2.18	0.08	2.72
4	1.00	0.27	2.54	0.17	3.11
5	1.25	0.41	2.89	0.27	3.50
6	1.50	0.55	3.24	0.39	3.87
7	1.75	0.71	3.57	0.51	4.23
8	2.00	0.87	3.90	0.65	4.58
9	2.25	1.03	4.23	0.79	4.93
10	2.50	1.21	4.55	0.94	5.27
11	2.75	1.38	4.87	1.09	5.61
12	3.00	1.56	5.18	1.25	5.94
13	3.25	1.74	5.49	1.41	6.27
14	3.50	1.93	5.80	1.57	6.60
15	3.75	2.11	6.11	1.74	6.93
16	4.00	2.30	6.41	1.91	7.25
17	4.25	2.49	6.72	2.08	7.57
18	4.50	2.69	7.02	2.26	7.88
19	4.75	2.88	7.32	2.44	8.20
20	5.00	3.08	7.62	2.62	8.51
21	5.25	3.28	7.91	2.80	8.82
22	5.50	3.48	8.21	2.98	9.13
23	5.75	3.68	8.50	3.17	9.43
24	6.00	3.88	8.80	3.36	9.74
25	6.25	4.09	9.09	3.54	10.04
26	6.50	4.29	9.38	3.73	10.35
27	6.75	4.50	9.67	3.92	10.65
28	7.00	4.70	9.96	4.12	10.95
29	7.25	4.91	10.25	4.31	11.25
30	7.50	5.12	10.53	4.51	11.55

N＝400（续前）

r	P ($\frac{r}{N}\times100$)	95% 下限	95% 上限	99% 下限	99% 上限
31	7.75	5.33	10.82	4.70	11.84
32	8.00	5.54	11.11	4.90	12.14
33	8.25	5.75	11.39	5.10	12.44
34	8.50	5.96	11.68	5.30	12.73
35	8.75	6.17	11.96	5.50	13.02
36	9.00	6.38	12.24	5.70	13.32
37	9.25	6.60	12.52	5.90	13.61
38	9.50	6.81	12.81	6.10	13.90
39	9.75	7.03	13.09	6.30	14.19
40	10.00	7.24	13.37	6.51	14.48
41	10.25	7.46	13.65	6.71	14.77
42	10.50	7.67	13.93	6.92	15.06
43	10.75	7.89	14.21	7.12	15.34
44	11.00	8.11	14.48	7.33	15.63
45	11.25	8.33	14.76	7.54	15.92
46	11.50	8.54	15.04	7.75	16.20
47	11.75	8.76	15.32	7.96	16.49
48	12.00	8.98	15.59	8.16	16.77
49	12.25	9.20	15.87	8.37	17.05
50	12.50	9.42	16.15	8.59	17.34
60	15.00	11.65	18.88	10.72	20.14
70	17.50	13.90	21.59	12.90	22.90
80	20.00	16.19	24.26	15.11	25.62
90	22.50	18.50	26.91	17.35	28.32
100	25.00	20.83	29.54	19.63	30.98
125	31.25	26.74	36.04	25.41	37.55
150	37.50	32.74	42.45	31.32	43.98
175	43.75	38.83	48.77	37.34	50.31
200	50.00	44.99	55.01	43.47	56.53

二项分布的置信区间（％）（N＝500～600）

置信限的计算方法及未包含在此表中的置信限的内插或外推计算方法见附录2和附录3。

（续）

r	P $\left(\dfrac{r}{N}\times100\right)$	置信区间 95% 下限	置信区间 95% 上限	置信区间 99% 下限	置信区间 99% 上限	r	P $\left(\dfrac{r}{N}\times100\right)$	置信区间 95% 下限	置信区间 95% 上限	置信区间 99% 下限	置信区间 99% 上限	r	P $\left(\dfrac{r}{N}\times100\right)$	置信区间 95% 下限	置信区间 95% 上限	置信区间 99% 下限	置信区间 99% 上限
			$N=500$						$N=500$（续前）						$N=500$（续前）		
0	0.00	0.00	0.74	0.00	1.05	30	6.00	4.08	8.45	3.59	9.28	225	45.00	40.58	49.48	39.24	50.86
1	0.20	0.01	1.11	0.00	1.48	31	6.20	4.25	8.69	3.75	9.52	250	50.00	45.53	54.47	44.16	55.84
2	0.40	0.05	1.44	0.02	1.84	32	6.40	4.42	8.92	3.91	9.76				$N=600$		
3	0.60	0.12	1.74	0.07	2.18	33	6.60	4.59	9.14	4.06	9.99	0	0.00	0.00	0.61	0.00	0.88
4	0.80	0.22	2.04	0.13	2.50	34	6.80	4.75	9.37	4.22	10.23	1	0.17	0.00	0.93	0.00	1.23
5	1.00	0.33	2.32	0.22	2.80	35	7.00	4.92	9.60	4.38	10.47	2	0.33	0.04	1.20	0.02	1.54
6	1.20	0.44	2.59	0.31	3.10	36	7.20	5.09	9.83	4.54	10.70	3	0.50	0.10	1.45	0.06	1.82
7	1.40	0.56	2.86	0.41	3.39	37	7.40	5.26	10.06	4.70	10.94	4	0.67	0.18	1.70	0.11	2.08
8	1.60	0.69	3.13	0.52	3.68	38	7.60	5.43	10.28	4.86	11.17	5	0.83	0.27	1.93	0.18	2.34
9	1.80	0.83	3.39	0.63	3.96	39	7.80	5.61	10.51	5.03	11.41	6	1.00	0.37	2.16	0.26	2.59
10	2.00	0.96	3.65	0.75	4.23	40	8.00	5.78	10.73	5.19	11.64	7	1.17	0.47	2.39	0.34	2.83
11	2.20	1.10	3.90	0.87	4.50	41	8.20	5.95	10.96	5.35	11.87	8	1.33	0.58	2.61	0.43	3.07
12	2.40	1.25	4.15	0.99	4.77	42	8.40	6.12	11.18	5.51	12.11	9	1.50	0.69	2.83	0.52	3.30
13	2.60	1.39	4.41	1.12	5.04	43	8.60	6.29	11.41	5.68	12.34	10	1.67	0.80	3.04	0.62	3.53
14	2.80	1.54	4.65	1.25	5.30	44	8.80	6.47	11.63	5.84	12.57	11	1.83	0.92	3.26	0.72	3.76
15	3.00	1.69	4.90	1.39	5.56	45	9.00	6.64	11.86	6.01	12.80	12	2.00	1.04	3.47	0.83	3.98
16	3.20	1.84	5.14	1.52	5.82	46	9.20	6.81	12.08	6.17	13.03	13	2.17	1.16	3.68	0.94	4.21
17	3.40	1.99	5.39	1.66	6.07	47	9.40	6.99	12.30	6.34	13.26	14	2.33	1.28	3.88	1.04	4.42
18	3.60	2.15	5.63	1.80	6.33	48	9.60	7.16	12.53	6.51	13.49	15	2.50	1.41	4.09	1.16	4.64
19	3.80	2.30	5.87	1.95	6.58	49	9.80	7.34	12.75	6.67	13.72	16	2.67	1.53	4.29	1.27	4.86
20	4.00	2.46	6.11	2.09	6.83	50	10.00	7.51	12.97	6.84	13.95	17	2.83	1.66	4.50	1.38	5.07
21	4.20	2.62	6.35	2.23	7.08	60	12.00	9.28	15.18	8.53	16.21	18	3.00	1.79	4.70	1.50	5.29
22	4.40	2.78	6.59	2.38	7.33	70	14.00	11.08	17.35	10.26	18.44	19	3.17	1.92	4.90	1.62	5.50
23	4.60	2.94	6.82	2.53	7.58	80	16.00	12.90	19.51	12.02	20.65	20	3.33	2.05	5.10	1.74	5.71
24	4.80	3.10	7.06	2.68	7.82	90	18.00	14.73	21.65	13.80	22.83	21	3.50	2.18	5.30	1.86	5.92
25	5.00	3.26	7.29	2.83	8.07	100	20.00	16.58	23.78	15.60	24.99	22	3.67	2.31	5.50	1.98	6.12
26	5.20	3.42	7.53	2.98	8.31	125	25.00	21.26	29.04	20.17	30.31	23	3.83	2.45	5.70	2.10	6.33
27	5.40	3.59	7.76	3.13	8.56	150	30.00	26.01	34.23	24.83	35.55	24	4.00	2.58	5.89	2.23	6.54
28	5.60	3.75	7.99	3.28	8.80	175	35.00	30.82	39.36	29.57	40.72	25	4.17	2.71	6.09	2.35	6.74
29	5.80	3.92	8.22	3.44	9.04	200	40.00	35.68	44.44	34.38	45.82	26	4.33	2.85	6.29	2.48	6.95

二项分布的置信区间（‰）（N＝600～700）

置信限的计算方法及未包含在此表中的置信限的内插或外推计算方法见附录2和附录3。

（续）

r	P ($\frac{r}{N}\times100$)	95% 下限	95% 上限	99% 下限	99% 上限	r	P ($\frac{r}{N}\times100$)	95% 下限	95% 上限	99% 下限	99% 上限	r	P ($\frac{r}{N}\times100$)	95% 下限	95% 上限	99% 下限	99% 上限
	N＝600（续前）						N＝600（续前）						N＝700（续前）				
27	4.50	2.99	6.48	2.60	7.15	150	25.00	21.58	28.67	20.58	29.83	22	3.14	1.98	4.72	1.70	5.26
28	4.67	3.12	6.67	2.73	7.35	175	29.17	25.56	32.98	24.49	34.18	23	3.29	2.09	4.89	1.80	5.44
29	4.83	3.26	6.87	2.86	7.55	200	33.33	29.57	37.26	28.44	38.49	24	3.43	2.21	5.06	1.91	5.61
30	5.00	3.40	7.06	2.99	7.76	225	37.50	33.61	41.51	32.44	42.76	25	3.57	2.32	5.23	2.01	5.79
31	5.17	3.54	7.25	3.12	7.96	250	41.67	37.69	45.73	36.48	46.98	26	3.71	2.44	5.40	2.12	5.97
32	5.33	3.68	7.45	3.25	8.16	275	45.83	41.79	49.92	40.56	51.17	27	3.86	2.56	5.56	2.23	6.14
33	5.50	3.82	7.64	3.38	8.35	300	50.00	45.92	54.08	44.68	55.32	28	4.00	2.67	5.73	2.34	6.31
34	5.67	3.96	7.83	3.51	8.55		N＝700					29	4.14	2.79	5.90	2.45	6.49
35	5.83	4.10	8.02	3.64	8.75	0	0.00	0.00	0.53	0.00	0.75	30	4.29	2.91	6.06	2.56	6.66
36	6.00	4.24	8.21	3.78	8.95	1	0.14	0.00	0.79	0.00	1.06	31	4.43	3.03	6.23	2.67	6.83
37	6.17	4.38	8.40	3.91	9.15	2	0.29	0.03	1.03	0.01	1.32	32	4.57	3.15	6.39	2.78	7.01
38	6.33	4.52	8.59	4.04	9.34	3	0.43	0.09	1.25	0.05	1.56	33	4.71	3.27	6.56	2.89	7.18
39	6.50	4.66	8.78	4.18	9.54	4	0.57	0.16	1.46	0.10	1.79	34	4.86	3.39	6.72	3.01	7.35
40	6.67	4.81	8.97	4.31	9.73	5	0.71	0.23	1.66	0.15	2.01	35	5.00	3.51	6.89	3.12	7.52
41	6.83	4.95	9.16	4.45	9.93	6	0.86	0.32	1.86	0.22	2.22	36	5.14	3.63	7.05	3.23	7.69
42	7.00	5.09	9.34	4.58	10.12	7	1.00	0.40	2.05	0.29	2.43	37	5.29	3.75	7.21	3.35	7.86
43	7.17	5.23	9.53	4.72	10.32	8	1.14	0.49	2.24	0.37	2.63	38	5.43	3.87	7.38	3.46	8.03
44	7.33	5.38	9.72	4.86	10.51	9	1.29	0.59	2.43	0.45	2.83	39	5.57	3.99	7.54	3.58	8.19
45	7.50	5.52	9.91	4.99	10.70	10	1.43	0.69	2.61	0.53	3.03	40	5.71	4.11	7.70	3.69	8.36
46	7.67	5.67	10.09	5.13	10.90	11	1.57	0.79	2.79	0.62	3.23	41	5.86	4.24	7.86	3.81	8.53
47	7.83	5.81	10.28	5.27	11.09	12	1.71	0.89	2.98	0.71	3.42	42	6.00	4.36	8.02	3.92	8.70
48	8.00	5.96	10.47	5.41	11.28	13	1.86	0.99	3.15	0.80	3.61	43	6.14	4.48	8.19	4.04	8.86
49	8.17	6.10	10.65	5.55	11.47	14	2.00	1.10	3.33	0.89	3.80	44	6.29	4.60	8.35	4.16	9.03
50	8.33	6.25	10.84	5.68	11.67	15	2.14	1.20	3.51	0.99	3.99	45	6.43	4.73	8.51	4.27	9.20
60	10.00	7.72	12.68	7.09	13.56	16	2.29	1.31	3.69	1.09	4.17	46	6.57	4.85	8.67	4.39	9.36
70	11.67	9.21	14.51	8.52	15.43	17	2.43	1.42	3.86	1.19	4.36	47	6.71	4.97	8.83	4.51	9.53
80	13.33	10.72	16.32	9.98	17.28	18	2.57	1.53	4.03	1.29	4.54	48	6.86	5.10	8.99	4.63	9.70
90	15.00	12.24	18.11	11.45	19.12	19	2.71	1.64	4.21	1.39	4.72	49	7.00	5.22	9.15	4.74	9.86
100	16.67	13.77	19.89	12.94	20.93	20	2.86	1.75	4.38	1.49	4.90	50	7.14	5.35	9.31	4.86	10.03
125	20.83	17.65	24.31	16.73	25.41	21	3.00	1.87	4.55	1.59	5.08	60	8.57	6.60	10.90	6.06	11.66

二项分布的置信区间（％）（N＝700～900）

置信限的计算方法及未包含在此表中的置信限的内插或外推计算方法见附录2和附录3。

（续）

r	P ($\frac{r}{N}\times100$)	95% 下限	95% 上限	99% 下限	99% 上限	r	P ($\frac{r}{N}\times100$)	95% 下限	95% 上限	99% 下限	99% 上限	r	P ($\frac{r}{N}\times100$)	95% 下限	95% 上限	99% 下限	99% 上限
N=700（续前）						N=800（续前）						N=800（续前）					
70	10.00	7.88	12.47	7.29	13.27	15	1.88	1.05	3.07	0.87	3.49	45	5.63	4.13	7.45	3.73	8.06
80	11.43	9.17	14.02	8.53	14.86	16	2.00	1.15	3.23	0.95	3.65	46	5.75	4.24	7.60	3.84	8.21
90	12.86	10.47	15.57	9.79	16.44	17	2.13	1.24	3.38	1.04	3.82	47	5.88	4.35	7.74	3.94	8.35
100	14.29	11.78	17.10	11.06	18.01	18	2.25	1.34	3.53	1.12	3.98	48	6.00	4.46	7.88	4.04	8.50
125	17.86	15.09	20.90	14.29	21.87	19	2.38	1.44	3.68	1.21	4.14	49	6.13	4.57	8.02	4.15	8.64
150	21.43	18.44	24.66	17.57	25.68	20	2.50	1.53	3.83	1.30	4.29	50	6.25	4.67	8.16	4.25	8.79
175	25.00	21.83	28.38	20.90	29.45	21	2.63	1.63	3.98	1.39	4.45	60	7.50	5.77	9.55	5.30	10.22
200	28.57	25.25	32.07	24.26	33.18	22	2.75	1.73	4.13	1.48	4.61	70	8.75	6.88	10.93	6.37	11.64
225	32.14	28.69	35.74	27.66	36.87	23	2.88	1.83	4.28	1.57	4.76	80	10.00	8.01	12.29	7.45	13.04
250	35.71	32.16	39.39	31.09	40.54	24	3.00	1.93	4.43	1.67	4.92	90	11.25	9.14	13.65	8.55	14.42
275	39.29	35.65	43.01	34.55	44.17	25	3.13	2.03	4.58	1.76	5.07	100	12.50	10.29	14.99	9.66	15.80
300	42.86	39.16	46.62	38.03	47.78	26	3.25	2.13	4.73	1.85	5.23	125	15.63	13.18	18.33	12.47	19.20
325	46.43	42.68	50.20	41.54	51.37	27	3.38	2.24	4.87	1.95	5.38	150	18.75	16.10	21.63	15.33	22.55
350	50.00	46.23	53.77	45.07	54.93	28	3.50	2.34	5.02	2.04	5.53	175	21.88	19.06	24.90	18.23	25.87
N=800						29	3.63	2.44	5.16	2.14	5.69	200	25.00	22.03	28.15	21.15	29.15
0	0.00	0.00	0.46	0.00	0.66	30	3.75	2.54	5.31	2.24	5.84	225	28.13	25.03	31.38	24.11	32.41
1	0.13	0.00	0.69	0.00	0.93	31	3.88	2.65	5.46	2.33	5.99	250	31.25	28.05	34.59	27.09	35.64
2	0.25	0.03	0.90	0.01	1.15	32	4.00	2.75	5.60	2.43	6.14	275	34.38	31.08	37.78	30.09	38.85
3	0.38	0.08	1.09	0.04	1.37	33	4.13	2.86	5.74	2.53	6.29	300	37.50	34.13	40.96	33.11	42.04
4	0.50	0.14	1.28	0.08	1.57	34	4.25	2.96	5.89	2.63	6.44	325	40.63	37.20	44.12	36.16	45.21
5	0.63	0.20	1.45	0.13	1.76	35	4.38	3.07	6.03	2.73	6.59	350	43.75	40.28	47.27	39.22	48.36
6	0.75	0.28	1.63	0.19	1.95	36	4.50	3.17	6.18	2.83	6.74	375	46.88	43.37	50.40	42.30	51.49
7	0.88	0.35	1.79	0.26	2.13	37	4.63	3.28	6.32	2.92	6.89	400	50.00	46.48	53.52	45.40	54.60
8	1.00	0.43	1.96	0.32	2.31	38	4.75	3.38	6.46	3.02	7.03	N=900					
9	1.13	0.52	2.12	0.39	2.48	39	4.88	3.49	6.60	3.12	7.18	0	0.00	0.00	0.41	0.00	0.59
10	1.25	0.60	2.29	0.47	2.66	40	5.00	3.60	6.75	3.23	7.33	1	0.11	0.00	0.62	0.00	0.82
11	1.38	0.69	2.45	0.54	2.83	41	5.13	3.70	6.89	3.33	7.48	2	0.22	0.03	0.80	0.01	1.03
12	1.50	0.78	2.61	0.62	3.00	42	5.25	3.81	7.03	3.43	7.62	3	0.33	0.07	0.97	0.04	1.21
13	1.63	0.87	2.76	0.70	3.16	43	5.38	3.92	7.17	3.53	7.77	4	0.44	0.12	1.13	0.07	1.39
14	1.75	0.96	2.92	0.78	3.33	44	5.50	4.02	7.31	3.63	7.92	5	0.56	0.18	1.29	0.12	1.56

二项分布的置信区间（％）（$N=900\sim1\,000$）

置信限的计算方法及未包含在此表中的置信限的内插或外推计算方法见附录2和附录3。

（续）

r	$P\left(\dfrac{r}{N}\times100\right)$	置信区间 95% 下限	95% 上限	99% 下限	99% 上限	r	$P\left(\dfrac{r}{N}\times100\right)$	95% 下限	95% 上限	99% 下限	99% 上限	r	$P\left(\dfrac{r}{N}\times100\right)$	95% 下限	95% 上限	99% 下限	99% 上限
		N=900（续前）						N=900（续前）						N=900（续前）			
6	0.67	0.25	1.45	0.17	1.73	36	4.00	2.82	5.49	2.51	6.00	375	41.67	38.42	44.97	37.43	45.99
7	0.78	0.31	1.60	0.23	1.89	37	4.11	2.91	5.62	2.60	6.13	400	44.44	41.17	47.76	40.16	48.79
8	0.89	0.38	1.74	0.29	2.05	38	4.22	3.00	5.75	2.69	6.26	425	47.22	43.92	50.54	42.90	51.57
9	1.00	0.46	1.89	0.35	2.21	39	4.33	3.10	5.88	2.78	6.39	450	50.00	46.68	53.32	45.66	54.34
10	1.11	0.53	2.03	0.41	2.36	40	4.44	3.19	6.00	2.86	6.52			N=1 000			
11	1.22	0.61	2.18	0.48	2.51	41	4.56	3.29	6.13	2.95	6.66	0	0.00	0.00	0.37	0.00	0.53
12	1.33	0.69	2.32	0.55	2.66	42	4.67	3.38	6.26	3.04	6.79	1	0.10	0.00	0.56	0.00	0.74
13	1.44	0.77	2.46	0.62	2.81	43	4.78	3.48	6.38	3.13	6.92	2	0.20	0.02	0.72	0.01	0.92
14	1.56	0.85	2.60	0.69	2.96	44	4.89	3.57	6.51	3.22	7.05	3	0.30	0.06	0.87	0.03	1.09
15	1.67	0.94	2.73	0.77	3.11	45	5.00	3.67	6.63	3.32	7.18	4	0.40	0.11	1.02	0.07	1.25
16	1.78	1.02	2.87	0.84	3.25	46	5.11	3.77	6.76	3.41	7.31	5	0.50	0.16	1.16	0.11	1.41
17	1.89	1.10	3.01	0.92	3.39	47	5.22	3.86	6.88	3.50	7.44	6	0.60	0.22	1.30	0.15	1.56
18	2.00	1.19	3.14	1.00	3.54	48	5.33	3.96	7.01	3.59	7.57	7	0.70	0.28	1.44	0.20	1.70
19	2.11	1.28	3.28	1.08	3.68	49	5.44	4.05	7.13	3.68	7.70	8	0.80	0.35	1.57	0.26	1.85
20	2.22	1.36	3.41	1.16	3.82	50	5.56	4.15	7.26	3.77	7.82	9	0.90	0.41	1.70	0.31	1.99
21	2.33	1.45	3.54	1.24	3.96	60	6.67	5.13	8.50	4.70	9.10	10	1.00	0.48	1.83	0.37	2.13
22	2.44	1.54	3.68	1.32	4.10	70	7.78	6.11	9.72	5.65	10.36	11	1.10	0.55	1.96	0.43	2.26
23	2.56	1.63	3.81	1.40	4.24	80	8.89	7.11	10.94	6.61	11.61	12	1.20	0.62	2.09	0.50	2.40
24	2.67	1.72	3.94	1.48	4.38	90	10.00	8.12	12.15	7.59	12.85	13	1.30	0.69	2.21	0.56	2.53
25	2.78	1.81	4.07	1.56	4.52	100	11.11	9.13	13.35	8.57	14.07	14	1.40	0.77	2.34	0.63	2.67
26	2.89	1.90	4.20	1.65	4.65	125	13.89	11.70	16.32	11.06	17.11	15	1.50	0.84	2.46	0.69	2.80
27	3.00	1.99	4.33	1.73	4.79	150	16.67	14.29	19.27	13.60	20.10	16	1.60	0.92	2.59	0.76	2.93
28	3.11	2.08	4.47	1.82	4.92	175	19.44	16.91	22.18	16.16	23.06	17	1.70	0.99	2.71	0.83	3.06
29	3.22	2.17	4.60	1.90	5.06	200	22.22	19.55	25.08	18.75	25.99	18	1.80	1.07	2.83	0.90	3.19
30	3.33	2.26	4.72	1.99	5.20	225	25.00	22.20	27.96	21.37	28.90	19	1.90	1.15	2.95	0.97	3.31
31	3.44	2.35	4.85	2.07	5.33	250	27.78	24.87	30.83	24.00	31.79	20	2.00	1.23	3.07	1.04	3.44
32	3.56	2.44	4.98	2.16	5.46	275	30.56	27.56	33.68	26.66	34.66	21	2.10	1.30	3.19	1.11	3.57
33	3.67	2.54	5.11	2.25	5.60	300	33.33	30.26	36.52	29.33	37.52	22	2.20	1.38	3.31	1.18	3.69
34	3.78	2.63	5.24	2.33	5.73	325	36.11	32.97	39.35	32.01	40.36	23	2.30	1.46	3.43	1.26	3.82
35	3.89	2.72	5.37	2.42	5.86	350	38.89	35.69	42.16	34.72	43.18	24	2.40	1.54	3.55	1.33	3.94

二项分布的置信区间（%）（N=1 000）

置信限的计算方法及未包含在此表中的置信限的内插或外推计算方法见附录 2 和附录 3。

（续）

r	P $\left(\frac{r}{N}\times100\right)$	置信区间 95%		99%		r	P $\left(\frac{r}{N}\times100\right)$	置信区间 95%		99%		r	P $\left(\frac{r}{N}\times100\right)$	置信区间 95%		99%	
		下限	上限	下限	上限			下限	上限	下限	上限			下限	上限	下限	上限
	N=1 000（续前）						N=1 000（续前）						N=1 000（续前）				
25	2.50	1.62	3.67	1.41	4.07	41	4.10	2.96	5.52	2.66	6.00	150	15.00	12.84	17.37	12.21	18.13
26	2.60	1.71	3.79	1.48	4.19	42	4.20	3.04	5.64	2.74	6.11	175	17.50	15.19	20.00	14.52	20.80
27	2.70	1.79	3.90	1.56	4.31	43	4.30	3.13	5.75	2.82	6.23	200	20.00	17.56	22.62	16.84	23.45
28	2.80	1.87	4.02	1.63	4.44	44	4.40	3.21	5.86	2.90	6.35	225	22.50	19.95	25.22	19.19	26.08
29	2.90	1.95	4.14	1.71	4.56	45	4.50	3.30	5.98	2.98	6.47	250	25.00	22.34	27.80	21.55	28.69
30	3.00	2.03	4.26	1.79	4.68	46	4.60	3.39	6.09	3.06	6.58	275	27.50	24.75	30.38	23.93	31.29
31	3.10	2.12	4.37	1.86	4.80	47	4.70	3.47	6.20	3.15	6.70	300	30.00	27.17	32.95	26.32	33.87
32	3.20	2.20	4.49	1.94	4.92	48	4.80	3.56	6.31	3.23	6.82	325	32.50	29.60	35.50	28.73	36.44
33	3.30	2.28	4.60	2.02	5.04	49	4.90	3.65	6.43	3.31	6.93	350	35.00	32.04	38.05	31.14	39.00
34	3.40	2.37	4.72	2.10	5.16	50	5.00	3.73	6.54	3.39	7.05	375	37.50	34.49	40.58	33.57	41.55
35	3.50	2.45	4.83	2.18	5.28	60	6.00	4.61	7.66	4.23	8.20	400	40.00	36.95	43.11	36.02	44.08
36	3.60	2.53	4.95	2.26	5.40	70	7.00	5.50	8.76	5.08	9.34	425	42.50	39.41	45.63	38.47	46.61
37	3.70	2.62	5.06	2.34	5.52	80	8.00	6.39	9.86	5.94	10.47	450	45.00	41.89	48.14	40.93	49.12
38	3.80	2.70	5.18	2.42	5.64	90	9.00	7.30	10.95	6.82	11.58	475	47.50	44.37	50.65	43.40	51.62
39	3.90	2.79	5.29	2.50	5.76	100	10.00	8.21	12.03	7.70	12.69	500	50.00	46.85	53.15	45.89	54.11
40	4.00	2.87	5.41	2.58	5.88	125	12.50	10.51	14.71	9.94	15.42						

附录 2　如何计算精确的二项置信限

精确的二项置信限计算如下[①]：

如果 $r=0$，$LCL=0$，那么 $UCL=1-10^{\left(\frac{\log_{10}\left(\frac{1-CL}{2}\right)}{N}\right)}$。

如果 $r=N$，$LCL=10^{\left(\frac{\log_{10}\left(\frac{1-CL}{2}\right)}{N}\right)}$，那么 $UCL=1$。

如果 $0<r<N$，$LCL=1-BETAINV\left(\left(\frac{1+CL}{2}\right),\ N-r+1,\ r\right)$，那么

[①] Daly S. Simple SAS macros for the calculation of exact binomial and Poisson confidence limits. *Comput. Biol. Med.*，22，351-361，1992.

$$UCL = BETAINV\left(\left(\frac{1+CL}{2}\right),\ r+1,\ N-r\right)。$$

其中：CL 为相应比例的置信水平（95％的置信水平 CL 表示为 0.95）；

LCL 和 UCL 分别为置信下限和置信上限；

r 为 N 次试验中的成功次数。

附录 3　计算附录 1 中未包含的二项置信限

通过以下方法，可以从附录 1 的表中内插或外推出准确的二项置信限：

1. 如果 r 大于 N 特定列中的列表值

查找 $N-r$ 置信区间的相应值，所需要的置信区间计算如下：

$$LCI = 100 - UCI_{(N-r)} \qquad\text{（式 1）}$$
$$UCI = 100 - LCI_{(N-r)} \qquad\text{（式 2）}$$

其中：LCI 为置信下限；

UCI 为置信上限。

例如，当 $N=21$、$r=15$ 时，要对 95％的置信区间进行插值，则查找置信区间的相应值 $N-r=21-15=6$，$LCI=100-52.18=47.82$，$UCI=100-11.28=88.72$。

2. 如果 r 介于 N 的特定列中的两个值之间（$r_1 < r < r_2$）

计算 $p_r=\dfrac{r}{N}\times100$，然后查询 r_1 和 r_2 对应的 p 值。通过下述公式计算所需要的置信区间：

$$CI_{r1} + \frac{p_r - p_{r1}}{p_{r2} - p_{r1}} \times (CI_{r2} - CI_{r1}) \qquad\text{（式 3）}$$

例如，当 $N=200$、$r=85$ 时，要对 95％置信区间进行插值，计算 $p_r=\dfrac{r}{N}\times100=\dfrac{85}{200}\times100=\dfrac{85}{2}=42.5$，查找 80 和 90 所对应的 p 值和置信区间，代入公式：

$$LCI = 33.15 + \frac{42.50 - 40.00}{45.00 - 40.00} \times (37.98 - 33.15) = 35.56$$

$$UCI = 47.15 + \frac{42.50 - 40.00}{45.00 - 40.00} \times (52.18 - 47.15) = 49.67$$

3. 如果 N 介于 N 的两列之间（$N_1 < N < N_2$）

计算 $p_r=\dfrac{r}{N}\times100$，然后查询当 $p_1 < p_r < p_2$ 时，N_1、N_2 各自对应的 p_1、

p_2 值。然后，按照式 3 确定 N_1、N_2 所对应的 p_r 的置信区间。最后，按照下述公式计算所需要的置信区间：

$$CI_{pr\,lower1} + \frac{N - N_1}{N_2 - N_1} \times (CI_{pr\,upper} - CI_{pr\,lower}) \qquad (\text{式 } 4)$$

例如，当 $N = 270$（介于 $N_1 = 200$ 和 $N_2 = 300$ 之间）、$r = 22$ 时，要对 95% 的置信区间进行插值，首先计算 $p_r = \frac{r}{N} \times 100 = 8.15$，然后查询当 $p_1 < p_r < p_2$ 时，N_1、N_2 各自对应的 p_1、p_2 值，运用式 3：

$N_2 = 300$ 插值

$$LCI = 5.19 + \frac{8.15 - 8.00}{8.33 - 8.00} \times (5.47 - 5.19) = 5.32$$

$$UCI = 11.67 + \frac{8.15 - 8.00}{8.33 - 8.00} \times (12.06 - 11.67) = 11.85$$

$N_1 = 200$ 插值

$$LCI = 4.64 + \frac{8.15 - 8.00}{8.50 - 8.00} \times (5.03 - 4.64) = 4.76$$

$$UCI = 12.67 + \frac{8.15 - 8.00}{8.50 - 8.00} \times (13.26 - 12.67) = 12.85$$

将插值的置信限代入公式 4：

$$LCI = 4.76 + \frac{270 - 200}{300 - 200} \times (5.32 - 4.76) = 5.15$$

$$UCI = 12.85 + \frac{270 - 200}{300 - 200} \times (11.85 - 12.85) = 12.15$$

4. 如果 N 大于 1 000

计算 $p_r = \frac{r}{N} \times 100$，然后查询 p_r 所对应的置信限并应用下述公式：

$$LCI = p_r - (p_r - LCI_{pr}) \times \sqrt{\frac{1\,000}{N}} \qquad (\text{式 } 5)$$

$$UCI = p_r + (UCI_{pr} - p_r) \times \sqrt{\frac{1\,000}{N}} \qquad (\text{式 } 6)$$

例如，当 $N = 3\,000$、$r = 54$ 时，外推 95% 的置信区间，计算 $p_r = \frac{r}{N} \times 100 = 1.80$，然后查询 $p_r = 1.80$ 时置信限的上限和下限，分别代入式 5 和式 6：

$$LCI = 1.80 - (1.80 - 1.07) \times \sqrt{\frac{1\,000}{3\,000}} = 1.38$$

$$UCI = 1.80 + (2.84 - 1.80) \times \sqrt{\frac{1\,000}{3\,000}} = 2.4$$

索　引